Six Easy Pieces
费曼讲物理:入门

Richard P. Feynman

[美] 理查德·费曼 ● 著

秦克诚 ● 译

湖南科学技术出版社

目 录

第1章 运动着的原子

第2章 基础物理学

第3章 物理学与其他学科的关系

第6章 量子行为

出版者的话

vii 本书的出版，是为了向尽可能广大的读者提供一本内容充实然而仍然是非专业性的物理学入门书，它以费曼的科学工作为基础。我们从费曼著名的里程碑式作品费曼《物理学讲义》（初版于1963年，现在仍是费曼最出名的著作）中选了最容易读的六章。对于一般的读者，幸运的是，费曼选择用不含数学公式的、主要是定性的方式来叙述一些关键题目，这些题目编在一起，就成了本书。

Addison-Wesley 出版公司感谢保罗·戴维斯，他为这个新选本写了富有洞察力的前言。在他的前言的后面，我们还从费曼《物理学讲义》里选了两篇序言，一篇是费曼本人的，一篇是他的两位同事的，因为这两篇序言提供了后面六章的来龙去脉，以及对理查德·费曼及其科学工作的深入介绍。

最后，我们得感谢加州理工学院物理系和学院的档案馆，特别是 Judith Goodstein 博士和 Brian Hatfield 博士，他们在本书的编选过程中提供了很好的指导和建议。

前 言

保罗·戴维斯
1994年9月

　　有一个颇为流行的错误观念，以为科学是不具个性的、冷冰冰的、　ix
纯客观的事业。尽管人类的大部分其他活动是受风气、时尚和人的个
性支配的，可是人们却认为科学是受公认的程序规则和严格的检验所
约束。重要的是科学研究的结果，而不是得出这些结果的人。

　　这当然是一派胡言。像人类一切奋斗领域一样，科学是由人推动
的活动，同样受着风尚和一时的兴致的支配。在这里，风尚不仅表现在
对研究题目的选择上，还更多地表现在科学家看待这个世界的方式上。
每个时代有其特有的探索科学问题的途径，通常是追随某些杰出人物
照亮的道路，这些人既制定了议事日程，也确立了解决列在这个日程
上的问题的最佳方法。有时，一些科学家攀登到足够的高度，受到公众
瞩目，一个具有杰出素质的科学家就可能成为整个科学界崇拜的偶像。
在以往的几个世纪里牛顿就是这样的偶像。牛顿是绅士型科学家的体
现 —— 他与权贵有一张关系网，虔信宗教，不慌不忙，做事井井有条。
他搞科学的风格在200年中被奉为圭臬。在20世纪的前半个世纪里，
爱因斯坦替代牛顿成为大众的科学偶像。行为古怪，不修边幅，德国风
度，心不在焉，全神贯注投入工作，一个抽象思想家的原型。爱因斯坦
通过对物理学的最基础的概念提出质疑，改变了做物理研究的方式。

　　理查德·费曼成了20世纪后期物理学的偶像 —— 他是第一个到达　x
这种位置的美国人。费曼于1918年生于纽约，在东岸受教育。他生得

太晚，已无缘参加物理学的黄金时代即20世纪的前3个10年用相对论和量子力学改变我们的世界观的革命。这些横扫千军的发展奠定了现今的新物理学大厦的基础。费曼从这些基础出发，帮助建成了新物理学的第一层。他的贡献触及新物理学的几乎每一角落，并且对物理学家思考自然和宇宙的方式有深刻而持久的影响。

费曼是一个优秀的理论物理学家。牛顿既是实验家又是理论家，说不上偏重哪边。爱因斯坦则相当轻视实验，宁肯把他的信念置于纯粹的思维上。费曼从事的是发展一个对自然的深刻的理论理解，但是他总是保持着与现实世界、与常常是乱七八糟的实验结果的紧密联系。曾看过费曼如何把橡胶圈浸到冰水中以解释挑战者号航天飞机灾难事故的人，谁也不会怀疑他既擅长表演又是一个非常实际的思想家。

起初，费曼是以他在亚原子粒子理论方面的工作，特别是由于量子电动力学（其英文缩写为QED）这门学科而赢得声誉的。事实上，量子理论正是从这门学科开始的。1900年，德国物理学家普朗克提出，到那时为止一直被看成波的电磁辐射，在与实物相互作用时，却又自相矛盾地表现出像能量小包或"量子"那样的行为。这种特殊的量子后来叫做"光子"。在20世纪30年代初之前，新量子力学的建筑师们搞出一个数学方案，来描述带电粒子例如电子对光子的发射和吸收。虽然QED的这种早期表述得到有限的成功，但这个理论显然是有缺陷的。在许多情况下对非常确定的物理问题的计算却给出不协调的甚至无穷大的答案。青年费曼在20世纪40年代末，正是将注意力转到建立一个协调一致的QED理论的问题。

为了把QED置于一个坚实的基础上，就必须使这个理论不仅同量子力学的原理协调一致，还得同狭义相对论的原理协调一致。量子力学和相对论各自具有不同的数学机制，具有复杂的方程组，它们的确可以联合或相消以得到量子电动力学的一个令人满意的表述。这样做是一项繁重的任务，需要高度的数学技巧，费曼的同时代人正是沿着这条路做下去的。但是费曼却采取了一条根本不同的路线——这条路线是如此根本和激进，事实上，他不用任何数学就大致能直接写出答案！

为了协助这种非凡的直观技艺，费曼发明了一种以他的名字命名的简单图形系统。费曼图是描绘电子、光子和其他粒子相互作用时所发生的事情的一个很有启发性的简单符号方法。今天费曼图已成为计算的一个常规辅助手段，但是在20世纪50年代初，它们标志着与传统理论物理研究方法令人吃惊的背离。

建立协调一致的量子电动力学理论这个具体问题，尽管是物理学发展史上的一个里程碑，但这仅仅是开始。下面还要界定费曼特定的风格，这种风格在物理学的范围广泛的各个课题中产生出一系列重要成果。对费曼风格的最佳描述是，它是对已有的人类智慧成果的尊崇和不敬的混合。

物理学是一门精确科学，现有的物理学知识虽然不完备，却不可以简单地弃置一边。费曼在很年轻时便对人们已接受的物理学原理有老辣的掌握，并且他选择的研究对象几乎完全是常规的问题。他不是那种在传统约束的死水中、在孤独中苦干偶然碰到深奥的新结果的天才。他的特殊才能是用他特有的方法去研究实质上属于主流方向的问题。这意味着避开现有的形式体系，开辟他自己的高度直观的研究途径。大部分理论物理学家都依靠细心的数学计算作为把他们带进未知

xii

领域的导游指南和拐杖，费曼的态度却几乎是一种优雅的骑士风度。他给你的印象是，他能够像读一本书一样读大自然，只是简单地报道他发现的东西，而没有冗长的复杂分析。

的确，在以这种方式追求自己的兴趣时，费曼显示了对严格的形式体系的极度藐视。很难用言辞表达出这样干需要多么高的天赋。理论物理学是一门最难的智力活动，它把蔑视形象思维的抽象概念同极其复杂的数学结合在一起。绝大部分的物理学家只有依靠最高强度的脑力劳动才能得出一些进展。而费曼则对这套严格的行为规则显得驾轻就熟，就像摘取现成的果子一样从知识之树摘取新成果。

费曼的风格在很大程度上来自他的个性。在他的职业生涯和私生活中，他好像是把这个世界当作一场非常好玩的游戏。物理世界在他面前呈现出一系列迷人的难题和挑战，他的社会环境也一样。他一辈子都是一个爱开玩笑的人，他对权力当局和学术权威，就像他对呆板的数学形式体系一样不尊重。他绝不是一个甘心被愚弄的人，只要他发现现有的规则是专横无理或是愚蠢荒谬的，他就毫不客气地打破它们。他的自传里充满了他在第二次世界大战中如何使原子弹计划的保安人员上当、如何开保险柜、如何用鲁莽无礼的行为解除女士们的戒备等好玩的故事。他对因为在 QED 方面的工作而授予的诺贝尔奖，也采取了类似的爱要不要的态度。

和费曼这种对拘泥形式的厌恶并行的，是他对稀奇古怪和晦涩难解的东西的迷恋。许多人还记得他对消失已久的中亚国家图瓦[1]的着

---

1. 即唐努乌梁海，蒙古的西北角，现属于俄罗斯。——译者注

迷，在他去世前不久还高兴地参与一部有关的纪录片的制作。他在别的方面的热情还包括演奏邦戈鼓、画画、经常出入脱衣舞夜总会和破译玛雅文字。　　　xiii

　　费曼自己做过不少事来建立他与众不同的形象。虽然懒于动笔，他的谈锋却很健，并且爱讲关于他的各种想法和恶作剧的故事。这些轶事，经过一年一年的积累，增添了他的神秘，并且在他有生之年就使他成了一个人人皆知的传奇人物。他的魅力使他非常受学生的喜爱，特别是更年轻的那些学生，他们之中许多人把他作为自己的偶像。在费曼因癌症于1988年去世时，他工作了大半辈子的加州理工学院的学生打出了一面旗，上面简单地写着："我们爱你，迪克。"

　　正是费曼潇洒的生活态度和搞物理的态度，使他成为这样优秀的一位教师：他很少有时间正式讲课，甚至很少有时间指导他的博士生。但是在合适的情况下他能做非常精彩的讲演，里面充满了智慧的火花、深刻的洞察力和在研究工作中表现出来的对传统的不敬。

　　在20世纪60年代初，人们劝费曼给加州理工学院的一年级和二年级学生开一门物理入门课程。他以他特有的大张声势和他那种没法模仿的不拘礼节、风趣和不落俗套的幽默的混合方式开了这门课。幸运的是，这些无价的讲演用书本形式为后人留了下来。尽管与通常的教材在风格和表述上有很大的不同，但他这套物理学讲义是一个巨大的成功，激励和鼓舞了全世界整整一代学生。30年过去了，这套书一点也没有失去它的光彩和明晰。本书是直接从费曼物理学讲义采集来的。编这本书的意图是用费曼物理学讲义这部里程碑式的作品前面不太深奥的几章，让一般的读者领略教育家费曼的风采。其结果就是这

本令人喜爱的小书 —— 它既可作为非理工科读者的一本物理入门书，也可以作为了解费曼本人的一本入门书。

费曼仔细和精心的讲解给人印象最深的是，他能够用最节约的概念投资和最小量的数学和专门术语，引出影响深远的物理观念。他有窍门能够找到正好的类比或日常的例证，来明白地显示一个深邃的物理学原理的本质，而且不被附带的或不相干的细节所模糊。

xiv

本书选择的内容并不打算使它成为近代物理学的一个全面的概括，而是要引起读者对费曼的教学方法的兴趣。我们立刻看到的是，他如何能用新的见解来阐发那些哪怕是老生常谈的题目如力和运动。关键性的概念用取自日常生活或古代的例子来说明。在让读者毋庸置疑地了解哪些是基本理论的同时，又不断地将物理学同别的学科联系起来。

在本书一开始，我们就学到了整个物理学植根于规律的观念 —— 存在着一个有秩序的宇宙，它能够凭理性的推理而被理解。但是，在我们对自然界的直接观察中，物理学的定律并不是透明可见的。它们巧妙地隐藏在我们所研究的现象当中。要揭开隐藏着的有规律的实在上面的面纱，就需要物理学家的秘密武器 —— 仔细设计的实验和数学理论。

最广为人知的物理学定律可能是牛顿关于引力的平方反比定律，在本书的第五章讨论。这个题目是在太阳系和开普勒的行星运动定律的背景下介绍的。但是引力是万有的，横跨宇宙起作用，这使费曼能够用天文学和宇宙学中的例子来为他的讲述增添趣味。在评论了一幅由看不见的力以某种方式结合在一起的球状星团的图景之后，他抒发起感慨来了："如果有人看不出引力在这里起作用，那他就没有脑子。"

人们还知道别的与自然界的非引力的作用有关的定律，它们描述物质粒子如何相互作用。这些力只有很少几种，费曼本人就因他是历史上少有的几位发现一条物理学新定律的科学家之一而享有盛名，他发现的新定律是关于弱作用力是如何影响某些亚原子粒子的行为的。

高能粒子物理学是战后科学的王冠上的宝石，带着它的那些巨型   xv
加速器和似乎没完没了的新发现的亚原子粒子的清单，使人又爱又怕。费曼的研究工作的主要方向是弄清楚这门学问得出的结果的意义。在粒子物理学家中，一个一致的大主题是对称性和守恒定律对建立亚原子粒子园的秩序所起的作用。

粒子物理学家所知道的对称性，刚好也是在经典物理学中已熟悉的对称性。这些对称性中最主要的是由空间和时间的均匀性引起的对称性。以时间为例：除了在宇宙学中大爆炸标志着时间的开始以外，在物理学中没有东西能够区分一个时刻和另一个时刻有什么不同。物理学家说世界"在时间平移中不变"，意思是在你的测量中不论是取半夜还是取正午作为时间的原点，对物理现象的描述不会造成什么区别。物理过程不倚赖于时间的绝对原点。后来知道，这种时间平移下的对称性直接隐含着一条最基本和最有用的物理学定律：能量守恒定律。这条定律说，你可以把能量挪走并且改变它的形式，但是你不能生成它或毁灭它。费曼用他的淘气鬼丹尼斯的好玩的故事（这个孩子总是把他的积木藏在他妈妈看不见的地方），把这条定律解释得很透彻（第4章）。

　　本书中最具挑战性的一章是最后一章，这一章是对量子物理学的解说。毫不夸张地说，量子力学支配着20世纪的物理学，它无疑是现有的最成功的科学理论。它对理解亚原子粒子、原子和原子核、固体的结构、超导性和超流性、金属和半导体的导电性和导热性、恒星的结构以及好多好多别的东西，都是必不可少的。它的实际应用的范围从激光器一直到微芯片。所有这些都来自一个乍一看来（多看几眼也一样）绝对疯狂的理论！量子力学的奠基者之一尼耳斯·玻尔曾说过，如果谁没有受到量子理论的震撼，他就根本不懂得它。

xvi

　　问题在于，量子概念冲击了我们可以称之为常识性实在的核心。特别是，诸如电子或原子这样的物理客体是独立的存在、任何时候都有一组完备的物理属性这个观念出了问题。例如，一个电子不能同时在空间有一个位置又有一个确定的速率。如果你要找一个电子的位置在哪里，你会发现它在某个地方；如果你测量它的速率，你也会得到一个确定的答案。但是你不能同时做这两种观测。在没有一组完备的观察时，把位置和速率确定但未知的值赋予一个电子也是没有意义的。

　　原子粒子的本性中的这种不可确定性总结在海森伯著名的不确定原理中。这个原理严格地限制了同时测量位置和速率这样的属性可以达到的精度。位置的一个精确取值使速率的可能值的范围变模糊，反之亦然。在电子、光子和其他粒子的运动方式中都显露出这种量子模糊性。某些实验表明，这些粒子是沿着确定的路径穿过空间的，就像子弹沿着轨道飞向靶子。但是别的实验装置又表明，这些客体的行为也可以像波，表现出典型的衍射和干涉图样。

　　费曼对著名的"双缝"实验所做的高明分析，把使人震惊的波粒二象性以其最尖锐的形式梳理了出来，至今已成为科学解说史上的经典。他只用很少几个很简单的概念，就把读者带到了量子之谜的核心，并且让我们对它所揭露的实在的矛盾本性啧啧称奇。

虽然量子力学在20世纪30年代初期已经有教科书了，但是，青年费曼宁肯自己把理论改写为一种全新的形式，这是他一贯的典型做法。费曼方法的优点是，它向我们提供了一幅生动的图景，表明大自然的量子诡计是如何运作的。这个方法的想法是，在量子力学中，一个电   xvii
子穿越空间的路径不是完全确定的。比方说，我们可以想象一个自由运动的电子，它不仅仅是像常识建议的那样沿A、B两点之间的直线运动，而且可以取各种各样曲里拐弯的路径。费曼让我们想象，电子用某种方法探索了一切可能的路径，在没有进行过一次观察以表明电子是取哪一条路径之前，我们必须假设一切可能的路径都会以某种方式对实在作出贡献。因此当一个电子到达空间（比方说靶平面上）一点时，必须把多个不同的历史综合起来以产生这次事件。

费曼的所谓量子力学路径积分方法或对历史求和方法，就是把这个卓越的想法加工成一个数学的常规程序。在许多年里，它只是物理学家的一个稀罕的玩物，但是在物理学将量子力学推到登峰造极的地步（把它应用于引力或宇宙学）后，人们发现，费曼方法提供了描述一个量子宇宙的最佳计算工具。历史将会恰当地判定，在费曼对物理学的诸多杰出贡献中，量子力学的路径积分表述是最重要的贡献。

本书中讨论的许多想法带有很深的哲学味道。但是费曼对哲学家有一种根深蒂固的怀疑。一次我曾有机会就数学和物理学定律的本性以及是否能认为抽象的数学定律拥有一种独立的柏拉图式的存在询问过他的看法。他给出了一个非常肯定的和熟练的描述，说明事情何以的确显得如此，但是当我逼着他采取一个具体的哲学立场时，他立刻就后退了。当我试图从他口中引出关于还原论的话头时，他也同样地小心翼翼。按我的事后之见，我相信费曼并不轻视哲学问题。但是，正像他不用系统的数学而能够做出出色的数学物理学工作一样，他也能得出一些出色的哲学见解而不需要系统的哲学。他讨厌的是形式体系，不是内容。

xviii　　　　世界不太可能再看到一个理查德·费曼。他在很大的程度上是他的时代之子。费曼的风格只是对正处于巩固一次革命和广泛探索其应用的过程中的学科才工作得令人满意。战后的物理学的基础是牢固的；其理论结构是成熟的，并且为各式各样的应用留有广阔的空间。费曼进入了一个抽象概念的仙境，在其中的许多东西上留下了他个人的思想烙印。这本小书以独特的角度展现了一个非凡人物的心灵。

特别序言

（选自费曼《物理学讲义》）

大卫·L.古德斯坦

格里·纽吉堡尔

1989年4月于加州理工学院

在他生命的暮年，理查德·费曼的声望已经超出了科学界的范围。　xix
作为调查"挑战者号"航天飞机灾难事故委员会的一员，他的功绩使他
广为人知；同样，一本有关他那富于传奇色彩的生涯的畅销书使他成
为人们心目中几乎与阿尔伯特·爱因斯坦并驾齐驱的著名人物。不过，
哪怕退回到1961年，在他获得诺贝尔奖而在公众中声名大噪之前，费
曼也并不仅仅在科学界闻名——他是一个传奇式的人物。他那非凡的
教学才能无疑促使其传奇故事广为流传，并增添了神奇的色彩。

他不愧是一个伟大的教师，也许是他那个和我们这个时代最出色
的。对于费曼来说，演讲大厅就是一个大剧场，演讲的人就是一个演
员，既负责提供剧本，也要提供渲染演出效果的焰火以及要传达给听
众的事实和数字。他会在讲坛上来回走动，挥动着双手，"在所有身体
动作和声响效果上，理论物理学家与马戏团的杂耍演员两者难以做到
的结合，"《纽约时报》这样写道。不论他演讲的听众是学生、同事还是
公众，那些有幸目睹费曼演讲的人，对其讲演的感受都是非比寻常的，
而且总是难以忘怀的，就像对费曼本人一样。

他是一个喜剧大师，善于吸引各种层面的听众的注意力。许多年
前，他讲授过一门高等量子力学课程，这是为加州理工学院的一些在
校研究生和该校物理系的大部分教师开设的一门大课。在其中一次讲　xx

课中，费曼开始说明如何用图解法表达某些复杂的积分：时间用这根轴表示，空间用那根轴表示，这条直线就用波状线表示，等等。在描述完物理学界熟知的费曼图之后，他转过身来面对着全班学生，诡秘地咧嘴笑道："这就是那个图！"费曼的演讲结束了，演讲大厅爆发出一阵阵自发的喝彩和掌声。

在完成本书讲义之后许多年里，费曼偶尔担任了加州理工学院大学一年级学生的物理学课程的客座授课。由他出马自然要保密，使得演讲大厅中有座位留给那些登记选课的学生。在这样一次演讲中，主题是弯曲的时空，费曼表现得特别出色。不过，最令人难忘的时刻却是在演讲开始的时候。当时1987超新星刚刚被发现，费曼对此感到非常兴奋。他说："第谷·布拉赫有他的超新星，开普勒也有。之后400年间就再也没有过了。可是现在，我也有我的超新星了。"教室里安静下来了，费曼继续说道："在银河系中有10^{11}颗星星。通常，这是一个巨大的数字。但是，这只不过是1000亿而已。它比我国的财政赤字还小呢！我们通常把这些数字叫做天文数字。可现在，我们应该把它们叫做经济学数字了。"全班情不自禁地大笑起来，而费曼，在抓住了听众之后，继续他的演讲。

除了表演才能之外，费曼的教学技巧并不复杂。我们在加州理工学院档案库保存的文件里找到了说明他的教学理念的一段概括性的话，这是他1952年在巴西时为自己匆忙写下的一张便笺：

"首先要搞清楚你为什么要学生学这个专题，以及你要他们知道哪些东西，至于用什么方法就或多或少由常识给出了。"

费曼所谓的"常识"常常就是完全抓住问题本质的出色技巧。在一 次对公众的讲演中，他要解释为什么不可以用提出观念的同一组数据来检验这种观念。似乎是偏离了演讲的主题，费曼开始讨论汽车牌照问题。"你们看，今晚发生了一件最令我吃惊的事情。当时，我正到这里来演讲，我穿过停车场进来了。你们不会相信发生了什么事情。我看到了一辆汽车，车牌是 ARW 357。你能想象吗？在全国几百万个车牌中，今晚我看到这个特殊车牌的机会有多大？真令人惊奇！"甚至许多科学家也未能掌握的问题，通过费曼那非比寻常的"常识"却弄明白了。

在加州理工学院的 35 年中（1952～1987），费曼创下了讲授过 34门课程的纪录。其中 25 门课程是研究生的高级课程，只限于研究生修读，本科生要修读这些课程需要获得批准（他们常常修读这些课程，因为请求几乎总是获得批准）。其余的课程主要是研究生的入门课程。纯粹为本科生开设的课程，费曼只教过一次，这就是在 1961～1962 学年和 1962～1963 学年备受称道的那一次，在 1964 年又简略地重讲了一次，这次讲课的内容后来就编成了《物理学讲义》。

当时，加州理工学院中有一个共识，那就是大学一、二年级的学生常被头两年必修的物理学课程搞得情绪低落、毫无兴趣，而不是受到激励。为了纠正这种状况，学院要费曼给学生开设一系列覆盖两年时间的讲座，先给一年级的学生讲，接着再给升上二年级的同一班级的学生讲。在得到他同意后，学院很快就决定，将讲课的内容记录下来出版。结果发现，这项工作比人们想象的要困难得多。要将讲课的内容整理成可以出版的讲义，费曼的同事需要做大量的工作，而他本人也一样，要对每一章的内容做最后校订。

课前还得先讲一讲开设这门课程的基本想法和组成部分。由于费曼对要讲什么只有一个不明确的大纲，使这项工作变复杂了。这意味着，只有当费曼站在坐满学生的演讲大厅中讲课时，人们才知道他要讲些什么。然后，学院里协助他工作的教授就会急急忙忙地处理像编写课外作业之类的琐碎细节。

费曼为什么要花上两年多的时间改革初等物理学的教学方法呢？人们只能推测其中的原因，不过，基本的原因大概有三个。第一个是他喜欢有一大群听众，这给了他一个比研究生课程中所拥有的更大的剧场；第二个是他真诚地关爱学生，他朴素地认为，教大学一年级的学生是一件重要的事情；第三个而且可能是最重要的原因是，按照他自己的理解来重整物理学，使得能够把它传授给年轻的学生，这是一项极富挑战性的工作。这是他的特性，是他衡量某件事情是否真正理解了的标准。有一次，学院的一位老师请费曼解释自旋等于1/2的粒子为什么服从费米狄拉克统计。他完美地给这位听众解释了一番，并说道，"我将就这个问题为大学一年级学生开一次讲座。"可是过了几天他回来说，"不行，我干不了这件事。我没法把它简化到大学一年级的水平。这意味着实际上我们并不理解它。"

将艰深的概念化解为简单的、可以理解的词句，这种特色在整部《物理学讲义》中都很明显，但是，表现得最突出的是他对量子力学的讨论。对于那些费曼迷来说，他所做的事情是清楚的。他向刚入门的学生介绍了路径积分方法，这是他发明的用来解决某些最深奥的物理问题的方法。他用路径积分所做的工作，以及其他成就，使他与朱利安·施温格和朝永振一郎一起分享了1965年度的诺贝尔奖。

掀开久远的记忆的面纱，许多参加过讲座的学生和教师都说，与费曼共度物理学课程的两年时光是人生难得的一次经历。不过，当时的情况似乎并不是这样。许多学生害怕进入教室，随着课程的进展，来上课的注册选课的学生人数开始急剧地下降。可是同时，越来越多的教师和研究生开始来听课了。教室一直挤得满满的，费曼也许从来就 xxiii 不知道他正在失去一部分他特意要争取的听众。不过，即使在费曼看来，他在教学方法上的创新尝试也并不成功。1963年他在《物理学讲义》的序言中写道："我不认为我对学生做得很好。"重读这些讲义，人们有时似乎感到费曼正注视着他的同事而不是他的年轻学生，说道，"看哪！看一看我是如何略施小计解决这个问题的！难道这不是很巧妙吗？"可是，即使他认为他是在给大学一、二年级学生做出浅显易懂的解释，真正能够从他做的事情中获得最大收益的却并不是他们。这个巨大成就的主要受益者是他的同行们——科学家、物理学家和教授，透过理查德·费曼那新颖的和富有活力的观点审视物理学。

费曼不仅是一位伟大的教师。他的才华在于他是教师们的一个出色的老师。如果编写《物理学讲义》的目的只是为大学本科生解决物理学课程的考试问题，那么，他并不特别成功。而且，如果原来的意图是把这些讲义用做大学的入门教科书，也不能说他实现了目标。尽管如此，这套讲义已经被翻译成10种语言，并且有4种双语版本。费曼本人认为，他对物理学最重要的贡献不是量子电动力学，不是液氦的超流理论，不是极化子模型，也不是部分子模型。他的主要贡献是这3本《物理学讲义》。这个看法表明，出版这几本备受称道的讲义的这个纪念版是完全有道理的。

费曼的序言

(选自费曼《物理学讲义》)

理查德 · 费曼

1963年6月

　　这是我去年与前年在加州理工学院给大学一、二年级学生讲授物理学时的讲义。这本讲义当然不是逐字逐句的讲课记录稿——它们或多或少都经过编辑加工。讲课只是构成整个课程的一部分。全班180个学生每周两次聚集在一个大教室中听课，然后分成15～20个学生一组的复习讨论小组由助教进行辅导。此外，每周还有一次实验课。

　　在这些课程中，我们想要解决的主要问题是，使那些充满热情而且相当聪明的中学毕业后进入加州理工学院的学生仍然保持他们的兴趣。他们早就听许多人说过物理学如何有趣、如何引人入胜了——相对论、量子力学和其他近代概念。但是，当他们学完两年我们以前的那种课程后，许多人就泄气了，因为教给他们的实际上很少有意义重大的、新颖的和现代的观念。要他们学的还是斜面、静电及诸如此类的内容，两年过去了，不免令人相当失望。问题是，我们是否能开设一门课程来顾全那些更优秀、更勤奋的学生，使他们保持求知的热情。

　　这份讲义完全不是概论性的，而是一门极其严肃认真的课程。我设想这些课程是对班级中最聪明的学生讲的，而且只要有可能，就要确保甚至最聪明的学生也不能完全消化讲课中的所有内容（通过在讲课中提出一些有关的观念和概念在主要线索之外各个方向上的应用）。为此，我试图使所有的陈述尽可能准确，在每种场合都指出有关的公式和概念在整个物理学中占有什么样的地位，以及（随着学习的深入）应该怎样做出修正。我还感到，对于这样的学生，重要的是向他们指出，哪些东西是他们通过对已学过的知识进行演绎就应该能够理解的（如果他们足够聪明的话），哪些东西是作为新东西而引入的。每当新概念出现时，如果这些概念是可以推演出来的，我就尽量把它们推演出来，否则就说明这是一个新概念，它不以任何他们学过的知识为基础，而且认为它是不能证明的 —— 它只是新引进来的。

在课程开始时，我假定学生们在中学毕业时已经知道了某些内容 —— 比如说几何光学、简单的化学概念等。我也看不出有任何理由要按某个确定的顺序来讲授这门课，这个顺序意味着在做好准备详细讨论某个概念之前，我不能提到这个概念。我在讲课中曾经提到过许多将会详细讨论的内容，而提到时并未进行充分的讨论。这些问题的更完整的讨论要等到以后当学生的预备知识更充足时再进行。对电感和能级的讨论就是两个例子，最初只是以非常定性的方式引入这些概念，后来才更全面地展开讨论。

在对准那些更主动的学生的同时，我也希望照顾到另一些学生，对他们来说，这些额外的五花八门的内容和附带的应用只会使他们感到烦恼，也根本不指望他们能听懂讲课中的大部分内容。对这些学生，我希望至少有一个他能够掌握的中心内容或主干材料。即使他并不理解一堂课中的所有内容，我希望他也不要紧张不安。我并不要求他理解所有的内容，只要求他理解核心的和最直接的部分。当然，他也得有一定的水平来领会哪些是主要的定理和概念，哪些是更复杂的枝节问题和实际应用，只有在以后才会理解。

xxvii

在讲课的过程中遇到了一个严重的困难：没有任何来自学生的反馈信息向我说明讲课的效果究竟如何。这的确是一个很严重的困难，我不知道讲课的效果实际怎样。整件事情实质上是一次实验。如果我真的再讲一次的话，我将不会按同样的方式去讲了——我希望我不必再讲一次！不过我认为，在第一年中这些课程——就物理内容来说——还是相当令人满意的。

在第二年里，我就不那么满意了。课程的第一部分讨论电磁学，我想不出任何真正独特或不同寻常的处理方法——比通常的讲述方式更为引人入胜的任何处理方法，因此，我不认为我在讲授电磁学时做了很多事情。在第二年末，我本来打算继电磁学之后再讲一些物性方面的内容，主要讨论基本模式、扩散方程的解、振动系统、正交函数等问题……逐步阐述通常称为"数学物理方法"的初步内容。现在回想，如果再讲一遍的话，我会回到原来的这个想法上去的。但是，由于没有计划要我再讲一遍这门课，有人就建议，试着介绍一下量子力学可能是个好主意——这就是大家将在第三卷中看到的内容。

很清楚，主修物理学的学生可以等到第三年再学习量子力学。另一方面，有一种说法认为许多修我们这门课的学生只是把学习物理学作为他们在其他领域中的主要兴趣的背景知识。而通常处理量子力学的方法使大多数学生几乎无法利用这门学科，因为他们必须花相当长的时间去学它。然而，在量子力学的实际应用中——特别是在较复杂xxviii的应用，如电机工程和化学领域中——整个微分方程的处理方法实际上并没有被用到。因此，我试着这样来叙述量子力学的原理，即不要求学生首先熟悉偏微分方程这个数学工具。我想，即使对一个物理学家，由于在讲义本身中可以明显看出的一些原因，按照这种颠倒的方式来介绍量子力学也是一件值得一试的有趣的事。然而，我认为，在量子力学方面的尝试并不完全成功——这主要是因为在最后我实际上已经没有足够的时间了（比如说，我应该再多讲三四次课，以便更完整地讨论诸如能带、概率幅的空间依赖关系等问题）。还有，我过去从未以这种方式讲授过这个专题，因此，反馈信息的缺乏就尤其严重。我现在相信，还是应当迟一些再讲授量子力学。也许有一天我会有机会再来讲授这个专题。那时我会讲好这门课程。

没有编写如何解题的章节是因为另有答疑辅导课。虽然我在第一年中的确讲过三次怎样解题的内容，但并没有把它们编在这本讲义中。在转动系统这部分内容后面肯定还讲过一次惯性导航的问题，可惜它被遗漏了。第五讲和第六讲实际上是由马修·桑德斯讲授的，当时我不在城里。

当然，问题是这次试验的效果究竟如何，我个人的看法——然而，与学生一起学习的大部分教师似乎并不同意这种看法——是悲观的。我并不认为我对学生做得很好。当我看到大多数学生在考试中处理问题的方法时，我认为整个这次试验是一次失败。当然，朋友们提醒我，也有那么一二十个学生——非常出人意料地——理解了全部课程中的几乎所有内容，他们还非常积极地阅读有关的材料，兴致勃勃地思考各种问题。我相信，这些学生现在已经具备了一流的物理学背景知识——他们毕竟是我想要培养的那种学生。不过，正如吉本[1]所说，"教育的威力是难得见成效的，除非教者与被教者双方是理想的组合，然而

xxix

---

1. 吉本（Edward Gibbon），1737 ~ 1794，18 世纪英国著名历史学家，《罗马帝国衰亡史》作者。

这时教育又几乎是多余的了。"

尽管如此，我并不希望让任何一个学生完全落在后面，虽然也许曾经发生过这样的事。我认为，我们能够更好地帮助学生的一个办法就是，多花一些精力去编写一套能够说明讲课中某些概念的习题集。习题提供了一个充实讲课内容的良好机会，使已经讲过的概念更实际、更完整而且记得更牢。

然而，我认为，除非我们认识到，只有当一个学生和一个优秀的教师之间建立起个人的直接联系的情况下——这时学生可以讨论概念、思考问题和讨论问题——才能达到最好的教学效果，否则没有任何办法解决教育中的这个问题。只是坐着听课，做指定的习题，是不可能学到很多东西的。不过，在现在这个时代，我们有这么多学生要教育，因此，我们不得不试着寻找某种代替理想情况的方法。也许我的讲义能够作出一些贡献。也许在某些小地方有个别的教师和学生会从讲义中得到一些启示或者想法。也许他们乐于透彻地思考讲义的内容——或者进一步发展其中的一些想法。

第1章

运动着的原子

1-1 引言

这门两学年的物理课程，是从你，亲爱的读者，将成为一位物理学家的角度出发而开设的。当然，事情并不一定如此，但是没有哪门课的哪位教授不是这么想的！如果你要成为一个物理学家，你有大量的东西得学：这可是一个200年来发展得极其迅速的知识领域。要学的知识这么多，事实上，你会以为，在四年里也学不完；的确也学不完，你还得上研究生院接着学！

令人非常惊奇的是，尽管在这段时期里物理学家做了极其大量的工作，却有可能把这大量的成果大大地浓缩——这就是说，找出概括我们全部知识的定律。尽管如此，这些定律也是难以掌握的，因此，在你出发对这个庞大的领域进行探索之前，应当给你一幅地图或对科学的这一部门与那一部门的关系的大致了解。根据这个想法，本书的前三章将概述物理学与其他科学的关系、各门学科之间的相互联系以及科学的意义，以帮助我们对本学科找到一种"感觉"。

也许你会问，为什么我们不能这样教物理呢：一开始就列出基本定律，然后就一切可能的情况说明这些定律如何起作用，就像我们在欧几里得几何中所做的那样？在欧几里得几何中，先陈述公理，然后演绎出各种结论。（这样，如果你对用四年学习物理学不满意，你想在四分钟里学完它？）我们不能这样做，这有两个原因。首先，我们还不知道所有的基本定律：未知领域的前沿还在不断地扩张。其次，物理定律的正确陈述涉及一些很陌生的概念，而描述这些概念要用高等数学。因此，即使是要了解术语的涵义，也得经过一段相当长的预备性训练。因此，是不能这样做的。我们只能一点一点来。

　　大自然整体的每一片断或部分，始终只是对完整的真理（或迄今我们所认识的完整真理）的逼近。事实上，我们知道的每件事物都只是某种近似，因为我们知道我们至今还不知道所有的定律。因此，我们之所以要学习一些东西，正是为了以后再放弃它，或者，更恰当地说，再改正它。

　　科学的原则（或简直可以说是科学的定义）是，实验是一切知识的检验者。实验是判断科学"真理"的惟一标准。但是知识的源泉又是什么呢？要检验的各个定律来自何处？实验本身有助于产生这些定律，因为实验给我们以提示。但是，要从这些提示概括出一般化的准则，猜测隐藏在它们下面的奇妙、简单而又陌生的图像，然后再做实验来再次检验我们猜得对不对，还需要有想象力。这个想象过程非常不容易，使得物理学中产生了分工：有一些理论物理学家，他们只管想象、推导和猜测新的物理定律，但是不做实验；还有一些实验物理学家，他们做实验、想象、推演而且猜测。

　　我们说过，自然定律是近似的：我们先发现"错"的定律，然后再发现"对"的定律。那么，一个实验怎么会"错"呢？首先，一个不值一说的原因是，仪器出了什么毛病，而你没有注意到。但是这类问题是容易查出的，可以反复核对。因此不要纠缠在这样的小问题上，那么，一次实验的结果怎么能错呢？只能是由于不精确。例如，一个物体的质量似乎永远是不变的：一个陀螺旋转和静止时一样重。于是一条"定律"便出台了：质量是个常量，与速率无关。现在发现，这条"定律"是不正确的。质量是随速度的增大而增大的，但是要质量有明显的增大，则要求速度接近于光速。正确的定律是：如果一个物体以小于每秒一百多千米的速率运动，其质量在百万分之一的精度内是不变的。在某种这样的近似形式下，这是一条正确的定律。因此可能会认为，新定律在实际中并不引起重大的差别。事情可能是这样，也可能不是这样。对于通常的速率，我们肯定可以不管新定律，而使用简单的质量守恒定律作为一个良好的近似。但是在高速情况下我们就错了，速率越高，错得越厉害。

最后并且最有趣的是，从哲学角度看，我们用近似定律是完全错了。即使质量只变化一点点，我们关于世界的整幅图景也不得不改变。这是关于定律后面的哲学或观念的一个非常特殊之点。即使一个非常小的效应，有时也要求我们的观念做深刻的变化。

那么，我们该先教什么呢？是先教正确但不熟悉的定律及其陌生而困难的概念，比方相对论、四维时空等，还是先教简单的"质量守恒"定律，它仅是近似的，但不包含这些困难的概念？前者更引人入胜，更奇妙，更有趣，而后者一开始更容易接受，它是真正理解前一种定律所包含的概念的第一步。在物理教学中这个问题会一再发生。在不同的时候我们将以不同的方法解决这个问题，但是在每一阶段都值得弄清楚的是，现在已经知道什么，它的精确度多高，它同别的各种事物的关系如何，当我们学得更多以后它会有什么改变。

现在，让我们按照我们对今日科学（特别是物理学，但也包括其外缘的其他学科）的理解的基本轮廓（即我们总的地图）继续前进，这样，当我们以后专注于某个具体的问题时，我们就能对它的背景有一些了解：为什么这个具体问题是有趣的，它在整体结构中的位置如何。那么，我们的世界总体图景是什么呢？ ⁴

1-2　物质由原子构成

　　如果在某次大灾难中，所有的科学知识都将被毁灭，只有一句话能够传给下一代人，那么，怎样的说法能够以最少的词汇包含最多的信息呢？我相信那就是原子假说（或原子事实，或随便你叫它什么名字），即万物都由原子构成，原子是一些小粒子，它们永不停息地四下运动，当它们分开一个小距离时彼此吸引，而被挤到一堆时则相互排斥。只要稍微想一想，你就会看到，在这句话里包含关于这个世界的极大量的信息。

　　为了表明原子观念的威力，假设我们有半厘米大小的一滴水。让我们非常贴近地观察它，我们看到的只有水 —— 光滑的、连续的水。即使我们用现有的最好的光学显微镜（大致放大2000倍左右）来放大这滴水，把它放大到10米大小 —— 大约有一个大房间这么大，仍然非常贴近地观察它，我们将仍旧看到相当光滑的水，不过有一些小的、足球形状的东西在里面游来游去。非常好玩。这些东西是草履虫。你可能就此打住，对草履虫及其扭动的纤毛和卷曲的身体感到好奇，除了把草履虫放得更大看看它的内部之外不再往下看了。当然，这是生物学的一个题目，但是眼下让我们跳过它，继续更贴近地观察水这种物质本身，把它再放大2000倍。现在这滴水已经有20千米大了，如果我们非常贴近地看，就会看到某种挤在一堆的东西，它们不再有光滑的外表了，看起来像是从很远的距离外看到的足球比赛时场上的一堆人。为了看清这种挤在一堆的东西究竟是什么，我们再把它放大250倍，就会看到与图1-1中所示相似的某种东西。这个图是放大了10亿倍的水滴图，不过在几个方面理想化了。首先，各个粒子用简单的方式画成具有明确的边缘，这是不精确的。其次，为了简单起见，把它们画成几

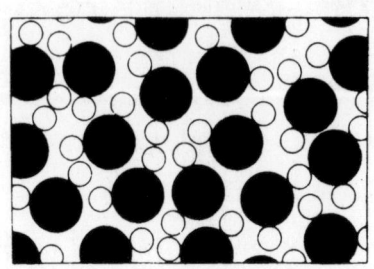

图1-1 放大10亿倍的水滴

乎是按照一定的图式做二维排列，而实际上它们当然是在三维空间中四下运动。注意图中有两种"小斑"或圆，分别代表氧原子（黑色）和氢原子（白色），并且每个氧原子有两个氢原子和它连在一起（一个氧原子和它的两个氢原子组成的小组叫做一个分子）。图中还有一个被理想化的地方是，自然界中的真实粒子是不断地振动着、跳来跳去、相互缠绕在一起、彼此互绕着旋转。因此你必须把这幅画面想象成动态的而不是静止的。另外一件没法在图里画出的事实是，粒子是"粘在一起"的：它们互相吸引，那一个拉着这一个，等等。可以说，整个一群都"胶合在一起"。另一方面，这些粒子也不是相互挤压。如果你试图把两个粒子挤得太靠近，它们就互相推开。

原子的半径为$1 \times 10^{-8} \sim 2 \times 10^{-8}$ cm。10^{-8} cm现在叫做1Å（这仅是另一个名称而已），因此我们说它们的半径是1Å到2Å。另一个记住原子大小的方法是：如果把一个苹果放大到地球那么大，那么苹果里的原子就近似是原来的苹果那么大。

现在想象这个大水滴，连同它的所有那些粘在一起、一个挨着一个、振动着的分子。水保持着它的体积；它不会散开，因为它的分子互相吸引。如果水滴是在一个光滑的斜面上，那么水会流走，但是它不会消失，分子不会飞走，因为它们之间有吸引力。分子的这种振动运动就是我们所说的热：当温度升高，这种运动也加强了。如果我们加热水，

6

这种振动也增强，原子之间的体积也增大。如果继续加热，到了分子间的吸引力不足以把它们拉在一起时，分子就会飞走，互相分离。当然，这正是我们生成水蒸气的方法 —— 升高温度；粒子由于运动增强了而飞走。

    图1-2是一幅水蒸气的图像。这幅水蒸气图像有一个缺陷：在通常的气压下，整个房间里只可能有不多的水分子，在这幅图大小的区域里（指放大10亿倍之前）肯定不会有多至三个分子。大部分这么大的方形区域里一个分子也没有 —— 但是我们碰巧在这张图里有两个半或三

7

个分子（这样这张图才不会完全空白）。于是，在水蒸气的情况下，我们比在水的情况下更清楚地看到了水分子的特征。为简单起见，把水分子画成具有120°的夹角。实际上这个夹角为105°3′，氢原子中心与氧原子中心的距离为0.957Å，因此我们对这个分子已了解得很清楚了。

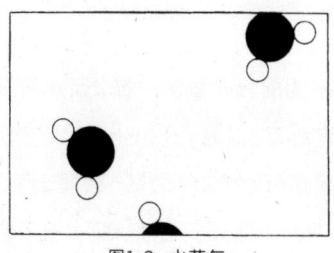

图1-2 水蒸气

    我们来看看水蒸气或任何其他气体有些什么性质。这些气体分子是彼此分开的，他们会撞击墙壁并反弹回来。想象一个房间里有不少网球（成百个）不停地来回弹跳。当它们撞击墙壁时，就把墙壁向外推

（当然我们必须把墙推回去）。这意味着，气体施加一个躁动不安的力，而我们粗糙的感官（我们自己并没有被放大10亿倍）只感到它的平均推力。为了把气体限制在一个范围内，我们必须施加一个压力。图1-3表示一个盛放气体的标准容器（这幅图用在所有的教科书中），一个带活塞的汽缸。因为水分子的形状在这里并不重要，为简单起见，我们把它画成网球或小黑点。它们不停地沿所有的方向运动。有这么多分子一直不断地撞击顶部的活塞，因此，为了使活塞不被这种不断的撞击从罐子里顶出来，我们就必须施加一个力把活塞压下去，这个力叫做压力（实际上，这个力等于压强乘面积）。显然，这个力和面积成正比，因为如果我们增大面积而保持每立方厘米内的分子数不变，那么分子与活塞碰撞的次数与活塞的面积按同样的比率增加。

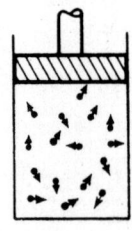

图1-3

现在我们把罐子里的分子增加一倍，因此密度也加倍，而分子的速率则相同，即温度相同。这时，作为一个很好的近似，碰撞次数也将加倍，由于每次碰撞都和以前的"力度"相同，压强和密度成正比。如果我们考虑原子之间的力的真实性质，那么由于原子之间的吸引，我们预期压强会略有减少，而由于原子也占有有限的体积，预期的压强又会略微增大。无论如何，作为一个良好的近似，如果密度足够低，原子数目不多，压强和密度成正比。

8

　　我们还可以看看别的情况：如果我们增高温度而不改变气体的密度，即，如果我们增大原子的速率，那么压强会发生什么变化呢？这时，由于原子运动得更快，它们撞击得更有力了，同时撞击得也更频繁了，因此压强增大。你瞧，原子理论的概念多么简单！

　　我们来考虑另一种情形。假定活塞向内运动，于是原子被缓慢地压缩到一个更小的空间里。当一个原子撞到一个运动的活塞时，会发生什么情况？显然，原子将从碰撞获得速率。你可以试一试：例如，乒乓球从一块向前运动的球拍上弹回，你会发现，弹回的速率比打到球拍上的速率更大。（一个特例是，如果一个原子刚好静止不动而活塞撞上它，它一定动起来。）于是原子离开活塞时要比它们撞上活塞之前更"热"。因此容器中的所有原子的速率都将增大。这意味着，当我们缓慢地压缩气体时，气体的温度会升高。于是，气体在被缓慢压缩时温度升高，在缓慢膨胀时温度降低。

　　现在回过头来看我们的水滴，向另一个方向上看。假设我们降低水滴的温度，使水里的原子、分子的振动逐渐减弱。我们知道，原子之间是有吸引力的，因此过了一会儿，它们就不会振动得像原来那么欢了。图1-4表示的是在很低的温度下将发生的情况：分子被锁定在一种新的型式中，这就是冰。这幅具体的关于冰的图像是不正确的，因为它是二维的；但是它在定性上是正确的。有趣之点是，它的每一个原子都有确定的位置。你很容易想象，如果我们用某种方法使冰滴一端的原子排成一定的型式，每个原子都处于一个确定的位置，那么由于互相连结的结构是刚性的，在几千米之外（在我们放大的比例尺下）的另一端也会有确定的位置。因此，如果我们拿住一根冰针的一端，它的另一端就会抵抗我们想把它掰开的努力，不像水那样，水由于振动增强，使

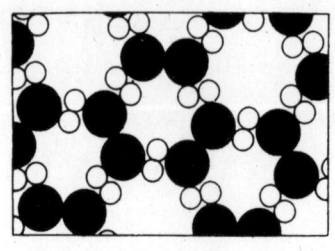

冰

图1-4

其中的原子都以各种方式四下运动，结构就破坏了。固体和液体的差别就在于，固体中的原子是按照某种阵列排列的，叫做晶体阵列，即使在长距离上它们的位置也不是随便的；晶体一端的原子的位置由晶体另一端的别的原子的位置确定，哪怕它们之间相隔几百万个原子。图1-4是一幅虚构的冰的阵列图，它不是冰的真实排列情况，虽然它包含了冰的许多正确的特征。正确特征之一是，图中有一种六角形对称性。你可以看到，如果把画面绕一根垂直轴转120°，它将回复原状。因此，冰里存在有一种对称性，这说明了雪花的六边形外貌。从图1-4可以看出的另一件事是，为什么冰融化时体积会缩小。图中示出的冰的具体的结晶图样中有许多"孔"，真实的冰的结构也是这样的。当这种组织瓦解时，这些空可以被分子占据。绝大多数简单物质，除水和活字合金外，都在熔化时膨胀，因为在固态晶体中，原子是密集堆积的，熔化时需要更大的空间供原子活动，但是一个张开的结构则会塌缩，像水的情形。

　　虽然冰具有一种"刚性"的结晶形态，它的温度还是可以变化的——冰也有热量。如果我们愿意，可以改变冰的热量。对冰的情况，热量的涵义是什么？冰的原子并不是静止不动的，它们在振动着。虽然晶体中有确定的秩序——确定的结构，所有的原子仍在"原地"振动。

10

随着我们提高温度，它们振动的幅度越来越大，直到把它们自己从所在的位置上摇下来。我们把这叫做熔化。随着我们降低温度，振动越来越弱，直到绝对零度时原子还有一个最低限度的振动，而不是完全不动。原子的这种最低的振动不足以使物质熔化，只有一个例外，那就是氦。随着温度降低，氦原子的运动尽可能地减弱，但即使在绝对零度下也仍然有足够的运动使之不凝固。除非把压力加得足够大，使原子挤到一堆，氦在绝对零度也不凝固。如果加大压力，可以使它凝固。

1-3　原子过程

　　从原子的角度来描述不同的物态就讨论到这里。但是，原子假说也能描述过程，因此，我们现在从原子的观点来考察一些过程。第一个要考察的是与水的表面相联系的过程。在水的表面上会发生什么情况？设想水的表面上是空气，我们使图像变得更复杂——也更现实。图1-5表示这种情况。我们看到和以前一样的水分子，它们构成液体的水，不过现在我们也看到水的表面。在表面上方，我们发现一些东西：首先有水分子，像在蒸汽中那样。这就是水蒸气，它们总是存在于水的上方。（在水和水蒸气之间有一种平衡，我们将在以后讨论。）此外我们还发现一些别的分子——这里是两个氧原子自己结合在一起，组成一个氧分子；那里是两个氮原子也结合在一起，组成一个氮分子。空气几乎完全由氮、氧和一些水蒸气组成，此外还含有更少量的二氧化碳、氩气和其他东西。在水面上方的是含有一些水蒸气的空气。那么，在这幅画面中正发生什么事呢？水里的分子不停地振动着。时不时，水面上的一个分子受到比平常厉害一些的撞击，被撞出去了。在图中难以看出所发生的事，因为这幅画面是静态的。但是我们可以想象表面附近

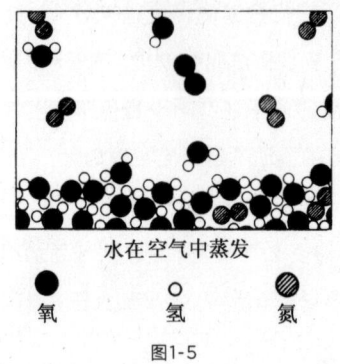

水在空气中蒸发

●氧   ○氢   ◐氮

图1-5

的一个分子刚刚被撞击，飞了出去，或者也许另外一个分子也被撞击
飞出去。于是，一个分子接着一个分子，水就消失了——蒸发了。但是
如果把容器盖上，过一会儿我们就会发现空气分子中有大量的水分子。
时不时地，有一个水蒸气分子飞到水里，再次结合在一起。因此我们看
到，这件呆板、无趣的事——一杯盖上盖子的水，摆在这里也许20年
了——实际上却包含着动态的、有趣的现象，无时无刻不在进行。就
我们这双肉眼而言，没看见发生任何变化，但是如果能够放大10亿倍
来看，我们就会看到，从它自己的视角来看它是在不断地变化：一些分
子飞出去，一些分子飞回来。

　　为什么我们看不出变化呢？因为离开的分子和飞回来的分子的数
目正好一样！从长期来看"什么也没有发生"。如果现在我们把容器的
盖子打开，吹走湿空气而以干燥的空气代替，那么离开的分子数目还
和以前一样，因为它只依赖于水分子的振动，但是飞回来的分子数则
大大减少，因为水面上方的水分子少了很多。因此出去的比进来的多，
水就蒸发了。所以，如果你要让水蒸发，就打开风扇！

现在讨论另一个问题：哪些分子会离开？一个分子能够离开水面，是由于它偶然积累了比平常多一点的能量，使它能够摆脱邻近分子的吸引。这样，由于离开的分子带走的能量多于平均能量，留下的分子的运动平均起来就比原来要弱。因此液体蒸发时就逐渐变冷。当然，如果一个水蒸气分子从空气进入下面的水中，当分子靠近水面时，会突然受到一个很强的吸引。这使进来的分子的速率加大，结果产生热量。因此分子离开时带走热量；返回时产生热量。当然，如果没有净蒸发，就什么结果也不发生——水的温度不改变。如果我们在水面上吹风，使蒸发的分子数一直占优势，水就会凉下来。因此，要使汤凉就得不停地吹！

当然你应该认识到，刚才说的这个过程要比我们指出的更复杂。不只是水分子进入空气，时不时也有氧分子或氮分子进入水里，"迷失"在大量的水分子中。这样空气就溶解在水里，氧分子和氮分子尽力挤入水中，而水里将含有空气。如果我们突然从容器中抽走空气，那么空气分子从水里出来就要比进去更快，这样就产生了气泡。你可能已知道，这对潜水员是不好的。

现在我们讨论另一个过程。在图1-6中，我们从原子的角度来看固体在水里溶解的过程。如果我们把一块食盐晶体丢进水中，会发生什么事呢？食盐是固体，是晶体，是"食盐原子"的一种有组织的排列。图1-7是普通的食盐（氯化钠）的三维结构图。严格说来，晶体不是由原子构成，而是由所谓离子构成的。离子是一个带有几个额外的电子或失去几个电子的原子。在食盐晶体中，我们找到的是氯离子（带有一个额外电子的氯原子）和钠离子（少一个电子的钠原子）。离子在固体食盐中由电吸引力结合在一起，但是把它们丢到水里后，我们发

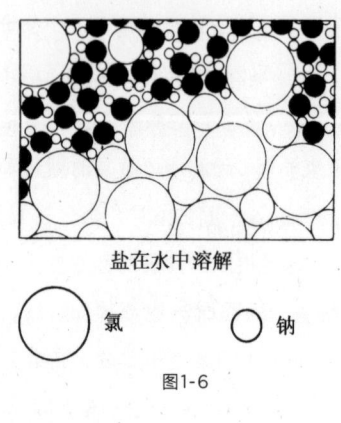

盐在水中溶解

氯   钠

图1-6

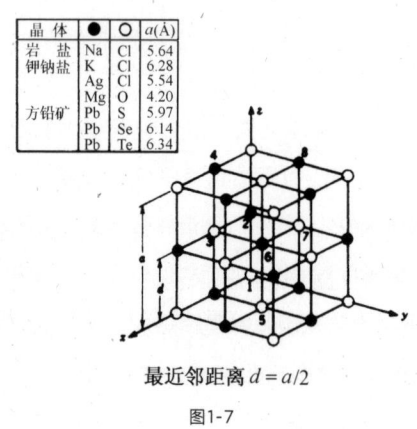

晶　体	●	○	a(Å)
岩　盐	Na	Cl	5.64
钾钠盐	K	Cl	6.28
	Ag	Cl	5.54
	Mg	O	4.20
方铅矿	Pb	S	5.97
	Pb	Se	6.14
	Pb	Te	6.34

最近邻距离 $d = a/2$

图1-7

现，由于带负电的氧和带正电的氢对离子的吸引，有些离子便松开了。在图1-6中我们看到有一个氯离子松开了，而别的原子仍以离子的形式浮在水中。这幅图是颇为细心绘制的。例如，你可以注意到，水分子的氢原子一端比较倾向于靠近氯离子，而氧原子一端则多数靠近钠离子，这是因为钠离子带正电，水分子的氧端带负电，它们之间有电吸引力。从这幅图我们能够看出是盐正在溶解到水中还是从水中结晶出来吗？当然不能，因为正当某些原子离开晶体时，别的原子又重新回到晶

14

体上。这是一个动态过程，和蒸发过程一样；它取决于水中的食盐是多于还是少于维持平衡所需的数量。所谓平衡指的是这样的情况，这时原子离开的比率和返回的比率相同。如果水中几乎没有盐，离开的原子就比返回的原子多，盐就溶解；反之，如果水中的"食盐原子"太多，返回的原子多于离开的，盐就结晶。

顺便说一句，一种物质的分子这个概念只是近似的，只对某些种类的物质才有意义。在水的情况下，很清楚，三个原子确实结合在一起。在固体氯化钠的情况下，就不那么清楚了。在氯化钠中，钠离子和氯离子仅仅按立方格子的图样排列，并没有把它们分成"食盐分子"的自然方式。

回到我们对溶解和沉淀的讨论上来。如果升高食盐溶液的温度，那么离开晶体的原子的比率会增加，但同时返回晶体的原子的比率也增加。结果就很难一般地预言过程向哪个方向进行，固体是溶解得更多一些呢还是更少一些。随着温度升高，大部分物质溶解得更多，但是有些物质溶解得更少。

1-4 化学反应

在我们迄今讨论过的所有过程中，原子和离子都没有变换过伙伴，但是当然存在这样的情形，原子改变其组合关系，形成新的分子。图1-8画的就是这种情况。一个过程中，如果发生了原子伙伴关系的重新安排，我们就称之为化学反应。迄今讨论过的其他过程叫做物理过程，但是二者并没有截然的界限。（大自然母亲并不在乎我们怎么称呼这些

过程，她只是在不停地产生这些过程。）图1-8要表示的是碳在氧气中
的燃烧。对于氧气，两个氧原子紧紧地结合在一起。（为什么不是三个
甚至四个结合在一起呢？这是这类原子过程的很独特的特性之一。原
子是很特别的：它们喜欢某些特定的伙伴，某些特定的方向，等等。物
理学的任务就是要分析每个原子为什么想要它所要的东西。不论怎样，
两个氧原子满足而且乐意地构成一个分子。）

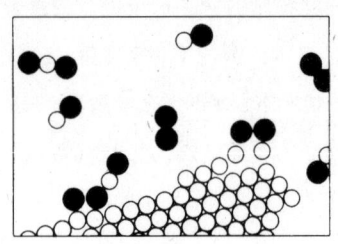

图1-8　碳在氧中燃烧

假设碳原子是在一块固态晶体中（可以是石墨或金刚石[1]）。现在，　16
比方，有一个氧分子跑到碳这边来，每个氧原子可以结识一个碳原
子，然后双双以一种新的组合形式——碳-氧(Carbon-Oxygen)组
合——飞走，这是一种气体分子，叫做一氧化碳，给它一个化学符号
CO。这很简单：两个字母"CO"实际上是这个分子的一幅画像。但是
碳吸引氧要比氧吸引氧或碳吸引碳强得多。因此，在这个过程中，氧原
子来时可以只携带很少的能量，但是氧和碳却疯狂地啮合在一起，引
起巨大的骚乱，近旁的每件东西都从它那里得到能量。于是就产生了
大量的分子运动的能量——分子的动能。当然，这就是燃烧；我们从
氧和碳的结合中得到热量。热量通常以热气体的分子运动的形式存在，
但在有些情形下，热量大到足以发光。火焰就是这样产生的。

---

1. 金刚石是可以在空气中燃烧的。——原注

　　而且，一氧化碳并不怎么感到满足。它还有能力再抓住一个氧原子，因此我们可以有一个更复杂得多的氧和碳化合的反应，在氧和碳结合时，同时又碰巧和一个一氧化碳分子相撞。一个氧原子可以把自己结合到一个CO分子上，最终形成一个新分子，它由一个碳原子和两个氧原子组成，用CO_2表示，叫做二氧化碳。如果我们在一个氧气稀少的快速反应中燃烧碳，就会生产相当数量的一氧化碳（例如在汽车发动机中，那里的爆燃快得来不及生成二氧化碳）。在许多这类化学反应中，释放出大量的能量，形成爆炸、火焰等，因不同的反应而不同。化学家研究了原子的这种重新排列，并且发现每种物质都是原子的某种排列。

17　　为了说明这个观念，我们来考虑另一个例子。如果我们走进一个紫罗兰花圃，我们知道紫罗兰的香味。它是某种分子或原子的排列，钻进了我们的鼻子。首先，它们是怎么钻进我们的鼻子的？这很简单。如果气味是空气中的某种分子，四处乱飞并不断受到撞击，它就有可能偶然钻进我们的鼻子。它当然并没有特别想要进入我们的鼻子。它只不过是挤成一堆的分子中的一部分，在漫无目的的游荡中偶然跑到我们的鼻子里来了。

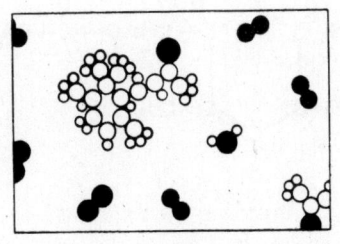

图1-9　空气中的紫罗兰分子

化学家可以把诸如紫罗兰的香味这样的具体的分子拿来，对它们进行分析，告诉我们这些原子在空间的精确排列。我们知道二氧化碳分子是直的而且对称：O—C—O[1]（这容易用物理方法确定）。即使对化学中那些极其复杂的原子排列，人们通过长期的、卓有成效的探索工作，也探明了它们的排列方式。图1-9是紫罗兰附近的空气；我们再次看到空气中有氮气和氧气，还有水蒸气（为什么有水蒸气？因为紫罗兰是湿的。所有的植物都有蒸腾作用）。但是，我们还看到一个由碳原子、氢原子和氧原子组成的“怪物”，它具有某种特殊的排列方式。这种排列方式比二氧化碳的复杂得多；事实上，这是一种极其复杂的排 18
列。可惜，我们不能把所有已经确实知道的有关它的化学知识都画出来，因为全部原子的精确排列实际上是在三维空间里，而我们的图仅是二维的。六个碳原子组成的环不是平的，而是一种“皱起来”的环。它的所有角度和距离都已知道。因此一个化学式只不过是这样一个分子的一幅画像。当一个化学家把一个化学式写在黑板上时，可以说他是试图在二维空间里“画”这个分子。例如，我们看到六个碳原子组成一个“环”，尾巴上挂着一条碳“链”，在链的倒数第二个碳原子上有一个氧原子，三个氢原子接在碳原子上，还有两个碳原子和三个氢原子

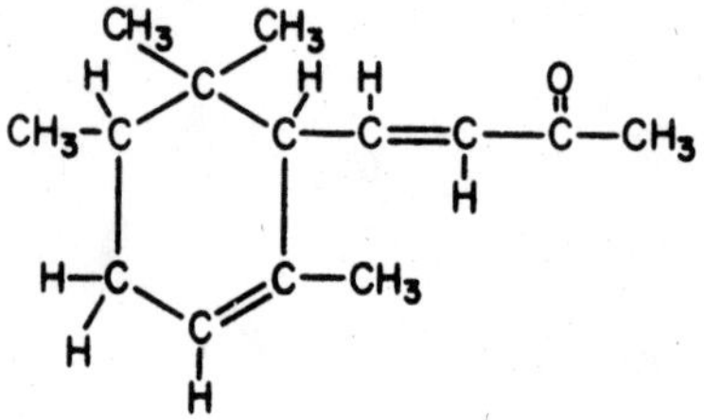

图1-10　α-鸢尾酮的结构图

1. 如果用结构式来表示，现在一般表示为O=C=O。——译者注

粘在一起,等等(图1-10)。

　　化学家是怎样发现这些排列的呢?他把几瓶东西倒在一起,如果它变红色,就说明它是由在某处连在一起的一个氢原子和两个碳原子组成的;反之,如果变蓝色,就完全不是这么回事。这是曾经做过的最神的侦测工作之一——有机化学。为了发现这些极其复杂的阵列中原子的排列方式,化学家观察两种物质混合时发生的情况。物理学家从来就不太相信,化学家在描述原子的排列时真正了解他们谈论的内容。大约20年前,在某些情况下,能够用一种物理方法来观察这些分子了(没有这个分子这么复杂,而只包含它的某些部分),能够确定每个原子的位置,不是通过观察颜色,而是通过真正测量原子的所在。可是,你瞧!化学家几乎总是对的。

　　实际上,现在知道,紫罗兰的香味中有三种略有不同的分子,它们的差别仅在于氢原子的排列不同。

　　化学中的一个问题是为一种物质命名,使人们一见名字就知道它是什么东西。为这种物质取个名字看!这个名字不仅得告诉我们它的分子的形状,还必须告诉我们这里有一个氧原子,那里有一个氢原子——告诉我们每个原子的确切种类和位置。因此可以想象,为了求全,化学名称一定是很复杂的。你看!这个东西的比较完整的名称是4-(2,2,3,6四甲基-5-环己烯基)-3-丁烯-2-酮,它不仅告诉你这种东西的结构,还告诉你这是它的排列方式。我们可以理解化学家的难处,理解他们取这样长的名字自有其理由。并不是化学家有意把事情搞得晦涩难懂,而是他们在试图用词语来描述分子时遇到很大的困难!

我们怎么知道存在着原子？是用前面说过的一种策略：先假设原子存在，然后一个接着一个结果都和我们的预言相符合，如果万物真是由原子构成的话，它们就应当如此。还有更直接一些的证据，其中一个很好的例子如下：原子小得连用光学显微镜也看不见它们 —— 事实上，用电子显微镜也看不见。（用光学显微镜只能看见大得多的东西。）但是，既然原子是在不停地运动（比方说在水中），那么，如果把一个由某种东西做的大球放进水中，这个球比原子大得多，它就会四处乱动 —— 就像在一场推球游戏中一个大球被许多人四下乱推一样。人们向不同的方向推球，而球就在场上无规律地四处乱滚。同样，"大球"也会因为它在各个侧面所受的碰撞不相等、在不同时刻所受的碰撞也不相等而运动。因此，如果我们用一个很好的显微镜观察水中很小的粒子（胶体微粒），我们就会看到一幅粒子不停地乱动的画面，它是许多原子撞击的结果。这叫做布朗运动。

20

在晶体结构中，我们可以看到关于原子存在的进一步的证据。在许多情形下，由X射线分析推断出的结构与自然界中的晶体实际显示的形状在空间型式上相符合。一块晶体的各个"晶面"之间的夹角，同假设一块晶体是由许多"层"原子构成而推断出的夹角，符合到角秒的量级。

万物都由原子构成。这是最基本的假设。例如，在整个生物学中，一个最重要的假说是，动物做的每一件事都是原子做的。换句话说，生物所做的事，没有一件不能从认为生物是由遵循物理定律而相互作用的原子构成的观点来理解。这并不是一开始就清楚的，经过一些实验和推理之后才提出这个假说；但是现在它已被人们接受，并且是在生物学领域内提出各种新观念的最有用的理论。

　　如果由一个原子挨着一个原子所组成的一块钢或一块食盐能够具有那样有趣的一些性质；如果水 —— 从涓埃细滴到地球上的江河海洋 —— 能形成波浪和泡沫，在它冲向水泥堤岸时咆哮着，掀起狂澜；如果所有这些，如果潺潺流水的全部生动，都只不过是一堆原子，那么，它们另外还能够产生多少有趣的现象呢？如果不是把原子排列成某种确定的型式，再三重复，继续不停，甚至形成一些像紫罗兰的香味一样的复杂的小东西，而是做出处处都不相同的排列，用不同种类的原子，按照多种方式，不断变化，绝不重复，那么，这样构成的东西的行为又将会多么神奇？在你面前走来走去并且和你谈话的那个"东西"，就是这样一大堆排列得非常复杂的原子，这可能吗？它的极度复杂性会改变你对它的能力的想法吗？当我们说我们是一堆原子时，我们的意思并不是我们只是一堆原子，因为一堆并非简单地一个一个重复的原子完全可以具有极为丰富而生动的可能性，只要你站在一面镜子前，就可以在镜子里看到这一点。

第2章

基础物理学

2-1 引言

在这一章里，我们要考察我们对物理学的最基本的观念，也就是我 23
们当前所了解的事物本性。我们将不讨论我们是怎样知道这些观念都
是正确的这一认识过程；在适当的时候你们会学到这些细节。

我们在科学中关心的事物有千变万化的形式和多种多样的属性。
比方，如果我们站在海边眺望大海，我们会看到海水、浪花飞溅、泡
沫、波涛汹涌，还有涛声、风和云、太阳和蓝天以及光线；海边有沙粒
及不同硬度、年代、颜色和纹理的岩石。海里有动物和海草，饥饿和病
痛；海滩上有游人，甚至还有幸福和思考。自然界的其他地方，也有类
似的事物和效应的多样性，不论在哪里，都像这里一样复杂多样。好奇
心使我们提出问题，使我们试图把事物综合起来，试图把这种多样性理解
为或许是由比较少的基元事物和作用力以无穷多种方式组合而引起的。

例如：沙粒和岩石是两种东西吗？也就是说，也许沙粒只不过是大
量的很小的石块？如果我们了解岩石，是不是也了解了沙粒和月亮？风 24
是不是空气的流动，就和海里的水流相似？不同的运动有哪些共同的特
性？有多少种不同的颜色？等等。用这种方式，我们试图逐步分析万事
万物，把乍看之下很不相同的事物综合在一起，希望能够减少不同类
事物的数目，从而更好地理解它们。

几百年前，人们提出了一种方法，来寻求这些问题的部分答案。这
套方法由观察、推理和实验构成，我们称之为科学方法。我们将只限于
对所谓基础物理学的基本观点，或由应用科学方法而产生的基本观念
做一描述。

　　我们所谓的"理解"某一事物，究竟是什么意思呢？我们可以把组成这个"世界"的这些运动事物的复杂组合，想象成天神们下的一盘巨大的象棋[1]，而我们是这局棋的观众。我们不知道弈棋的规则，允许我们做的就是观看这场棋赛。当然，如果我们看的时间够长，我们终归能看出几条规则来。这些弈棋规则就是我们所说的基础物理学。但是，即使我们知道每一条规则，我们也可能不懂在棋赛中为什么要走具体某一步棋，这仅仅是因为情况太复杂而我们的智力是有限的。如果你会下棋就一定知道，学会所有的规则是容易的，而要选择最佳的走法或理解人家为什么这么走则往往很难。在自然界中也是如此，只是程度更厉害，但我们至少能够发现所有的规则。实际上，今天我们还不知道所有的规则。（比方，偶尔发生的"王车易位"我们就还不懂。）除了我们还不知道全部规则之外，用已知的规则我们确实能解释的事物也是非常有限的，因为几乎所有的情况都极其复杂，我们不能用这些规则领会这盘棋的走法，更不用说预言下一步将发生什么情况了。因此，我们只能满足于弈棋规则这个比较基本的问题。如果我们知道了规则，就认为我们"理解"了世界。

25

　　如果我们不能透彻地分析这局棋，那么又怎么判别我们"猜"出来的这些规则实际上是否正确呢？大致有三个办法。第一，可能有这样的情况，大自然安排（或我们把大自然安排）得比较简单，组成部分很少，从而我们能够精确预言将要发生的事，于是可以检验我们的规则工作得好不好。（在棋盘的一个角落，可能只有不多几个棋子在走，于是我们可以精确地推算出。）

---

1. 指国际象棋。——译者注

第二个检验规则的好办法，是通过由那些已知规则推导出来的更一般性的规则来检验那些规则自身。例如，国际象棋中，象在棋盘上移动的规则是只许走对角线。由此可推出，无论走多少步，开始时在红方格里的象将永远在红方格里。这样，即使我们不能弄懂细节，我们总可以通过查明它是否总是在红方格里来检验我们关于象的走法规则的概念。在一段长时间里，它当然都会在红方格里，直到我们突然发现它在黑方格里了（当然，这时发生的是这个象被俘获了，另一个卒子攻至底线升级为象，红方格里的象就成为黑方格里的象[1]）。物理学中的情况正是这样。在一段长时间里，我们有一条总的说来工作得很好的规则，尽管我们不清楚它的细节；然后在某个时候我们可能发现一条新规则。从基础物理的角度来看，最有趣的现象当然是那些新情况，那些老规则不适用的情况，而不是老规则适用的情况！这是我们发现新规则的途径。

第三种判别我们的观念是否正确的办法比较粗糙，但可能是三种方法中最有力的，那就是粗略近似的方法。我们可能说不出为什么阿廖欣[2]要走具体的这一步棋，但是我们也许多少能大致看出，他正在把他的棋子调集到王的周围来保护它，因为这是在这种情况下该做的明智的事。同样，我们常常可以用这种理解棋局的方法来多多少少理解自然，虽然我们不能看出它的每一步是在做什么。

我们首先把自然现象粗略地分成几类，如热、电、力学、磁学、物性、化学现象、光学、X射线、原子核物理、引力、介子等。但是，其目

26

---

1. 按照国际象棋的规则，卒子攻至底线后可成为任何棋，当然一般选择升级为后，因为后的威力最强，但也可升级为象。如果它攻至底线是发生在黑格，就成为黑格上的象。——译者注
2. 阿廖欣，1927～1935，1937～1946年国际象棋世界冠军。——译者注

的是把完整的自然界看成一组现象的不同侧面。这就是今天基础理论物理学面临的问题：发现实验后面的定律，把不同的门类统一起来。历史上，我们曾多次实现过这种统一，但是随着时间的推移，又有新的事实发现。我们曾统一得非常好，但是突然又冒出了 X 射线。随后我们统一了更多的事实，然而又发现了介子。因此，在弈棋的任何一个阶段，棋局都显得相当混乱。大量的事实被统一了，但是总是有一些线索向一切方向伸出来。这就是今天的现状，我们试图在下面加以描绘。

历史上一些统一的例子如下。首先，是热学和力学的统一。当原子在运动时，运动越剧烈，系统包含的热量就越多，因此，热和所有的温度效应可以用力学定律来说明。另一次极大规模的统一是发现了电、磁和光之间的关系，弄清楚了它们是同一事物即我们今天所称的电磁场的不同侧面。另一次统一是化学现象（各种物质的各种性质）和原子行为的统一，这发生在量子化学中。

现在的问题显然是，这种统一能不能继续进行下去，直至把万事万物都统一在一起，并且发现这个世界仅仅是一种事物的不同侧面？没人知道它的答案。我们只知道，这样做下去时，我们发现可以把一些事实统一进来，但是随后又发现一些不能纳入这个统一方案的事实，我们就继续玩这种拼图游戏。拼图的基元单位的数目是否有限，或拼图是否有个边界，都还是未知数。除非有那么一天能拼成这个图，否则我们永远不会知道这些问题的答案。现在我们要做的是，看看这个用最少的原理来理解各种基本现象的统一过程进行到什么程度了，现况如何。简单地说就是，事物是由什么构成的？有多少种基本元素？

2-2　1920年前的物理学

　　一下子就从现代的观点开始讨论是有些困难的，因此我们先看一下，在1920年前后事物看起来是什么样子，然后再从这幅图像中挑出几件东西来讲。1920年前，我们的世界图像大致是这样的：宇宙活动的舞台是欧几里得几何描绘的三维空间，事物在叫做时间的媒质中变化。舞台上的基本元素是粒子，例如原子，它们具有若干属性。头一个属性是惯性：如果一个粒子在运动，它将继续沿同一方向运动下去，除非它受到力的作用。于是第二个基本元素就是力，当时以为有两种：第一种力是一种极其复杂、细致的相互作用力，它以复杂的方式将各种原子结合在不同的组合中，它决定了温度升高时食盐是溶解得快些还是慢些。另一种当时已知的力是一种长程相互作用，一种变化平缓的、悄悄的吸引力，与距离的平方成反比变化，叫做万有引力。引力定律很简单，当时已为人们所知。至于为什么运动的物体会保持运动下去，为什么存在万有引力定律，当然当时还不清楚。

　　这里我们关心的是对自然的描述。按照原子论的观点，气体和实际上一切物质，都是大量运动着的粒子。这样，我们站在海边看见的许多事物立即就可以联系起来。首先是压强，它来自原子与器壁或别的什么东西的碰撞。原子的移动如果平均而言沿着一个方向运动，那就是风；而无规的内部运动则是热。过多的粒子积聚在一起使密度超过平均值，它们将成堆的粒子不断向外散开，这就生成了波，这种过剩密度的波就是声音。能够理解这么多的事物，这是一个重大的成就。这些事物我们在上一章里已经讲过一些。

　　粒子的种类有多少？当时认为有92种，因为最终发现有92种不同的原子。它们有不同的名称，不同的化学性质。

　　下一个问题是，短程力是什么？为什么碳原子会吸引一个或者也许两个氧原子而不是三个氧原子？原子间的相互作用的机制是什么？它是万有引力吗？不是。万有引力太弱了。但是想象一种力，它与万有引力相似，也与距离的平方成反比变化，但强得多，并且有一个重要差别：在万有引力下一切物体都相互吸引，但现在想象存在两类"东西"，这种新力（当然它就是电力）具有同类相斥、异类相吸的性质。携带这样强的相互作用的"东西"叫做电荷。

　　那么，我们会得到些什么结果呢？假设我们有两个相异的、相互吸引的电荷，一正一负，紧紧地贴在一起。假设另外还有一个电荷，离它们若干距离。这个电荷会感到任何吸引吗？它实际上不会感受到任何作用，因为如果前两个电荷大小相等，那么一个的吸引和另一个的排斥会抵消。因此在任何可观的距离上的力都很小。但是，如果我们使第三个电荷与前两个非常靠近，就会产生吸引，因为同号电荷的排斥和异号电荷的吸引使异号电荷更靠近些，并使同号电荷远离。这样排斥力就将小于吸引力。这就是由正电荷和负电荷组成的原子，在它们相隔一个可观的距离时，相互作用的力很小（除万有引力外）的原因。当它们靠近时，它们就能够互相"看到内部"，重新安排它们的电荷，结果它们之间就产生了很强的相互作用。原子之间的相互作用的终极原因是电的作用。由于这个力是如此之大，一切正电荷和一切负电荷通常会结合成一个尽可能紧密的组合。万事万物，包括我们自己，都是由极细微的、强烈地相互作用着的带正电和带负电的粒子组成，正电荷和负电荷相互抵消。偶尔，我们可以从一件东西上擦下来一点点带正电的粒子或带负电的粒子（通常擦下带负电的粒子比较容易些），这时电力不再抵消，我们就会看到电的吸引作用。

　　电力比万有引力到底强多少呢？考虑两粒沙子，大小为1毫米，距离30米。如果它们之间的力不被抵消，也就是说，如果所有的电荷都互相吸引而不是同号电荷相斥，因此没有抵消，那么，它们之间的力有多大呢？有300万吨！你瞧，正电荷或负电荷的数目只要超过或不足很少一点点，就足以产生可观的电效应了。当然，这就是你（用非电学方法）看不出带电物体和不带电物体的差别的原因——涉及的粒子数目如此之少，它们很难对一个物体的重量或大小造成什么差别。

　　有了这幅图像，原子就比较容易理解了。人们设想在原子的中心有一个"原子核"，它带正电并且有很大的质量，周围环绕着一定数目的"电子"，电子很轻并且带负电。现在我们稍微超前一点，预先指出原子核本身也包含两种粒子：质子和中子，它们的质量几乎相同，非常重。质子带电而中子不带电。如果我们有一个原子，它的原子核里有6个质子，外面环绕着6个电子（通常的物质世界中的负电粒子都是电子，它们比组成原子核的质子和中子轻得多）。这是元素周期表中的第6号元素（或者说其原子序为6），叫做碳。第8号元素叫做氧，等等。因为化学性质取决于核外的电子，并且事实上只取决于那里有多少个电子。因此，一种物质的化学性质完全取决于一个数，电子的个数。（化学家的全部元素清单实际上可以用编号1，2，3，4，5，… 来表示，我们可以不说"碳"而说"第6号元素"，意味着它有6个电子。但是当然，当元素初发现时，并不知道它可以用这种方式编号，而且这还会使事物看起来相当复杂。让这些元素各自有自己的名称和符号，这比用数字来称呼一切东西要更好一些。）

30

　　关于电力还有更多的发现。电相互作用的一个自然的解释是，两个物体简单地互相吸引，正的吸引负的。但是，后来发现，用这个概念来表示电相互作用并不恰当。对电相互作用的一个更恰当的表示是，正电荷的存在在某种意义上扭曲了空间的"状态"，或在空间产生了一种新"状态"，使得我们把一个负电荷放进来时它会感受到一个力。这个产生力的潜在可能性叫做电场。把一个电子放进电场，它就会受到一个"拉力"。于是我们就得到两条规则：(1)电荷产生一个电场，(2)电场中的电荷会受到力的作用而运动。讨论下述现象，用电场来表示电作用的理由就更清楚了。如果我们使一个物体比如一把梳子带电，然后把一张带电的纸放在离梳子一段距离处。前后移动梳子，纸片会有反应，总是指向梳子。如果把梳子摇动得更快，就会发现纸片的运动要落后一些，即作用有所滞后。(在第一个阶段，当我们相当慢地移动梳子时，我们还看到一种并发症，那就是磁。做相对运动的电荷必定有磁作用，因此磁力和电力实际上可以归结为一个场，就像同一事物的两个不同的侧面。一个变化的电场不可能离开磁场而存在。)如果我们把带电的纸片移到更远的地方，滞后就更大。这时观察到一件有趣的事：虽然两个带电物体之间的力应当与距离的平方成反比变化，但却发现，当我们摇动一个电荷时，其影响伸展的范围要比我们乍看之下所猜想的远得多。这就是说，这个效应下降得比平方反比律慢。

　　这里有一个类比：如果我们在一个水池里，近旁有一个漂浮的软木塞。用另一个软木塞划水，可以直接使前一个软木塞运动。如果你只注意看两个软木塞，你将会看到一个软木塞的运动是对另一个的运动的立即响应——两个软木塞之间有某种"相互作用"。当然，实际上我们所做的是搅动水，然后水再去扰动另一个软木塞。我们可以建立一条"定律"：如果轻轻地划动水，水里邻近的物体就会运动。当然，如果第二个软木塞离得更远，它就几乎不动，因为我们只是局部地搅动水。反之，如果我们使软木塞上下运动，就发生一种新现象，水的运动带动了周围的水，形成了向外传播的波，因此通过上下运动，就有一种影响范围大得多的效应，波的效应，它无法从直接相互作用的观点理解。因此直接相互作用的观念必须代之以通过水发生作用的观念，或者在电的情况下，代之以所谓的电磁场。

　　电磁场能够传送范围广泛的波；其中的一部分是光波，别的则用在无线电广播中，它们总的名字是电磁波。这些振荡的波可以有各种频率。一种波与另一种波的惟一真正的差别就在于振荡的频率。如果我们把一个电荷摇动得越来越快，看它产生的效应，我们将得到整整一系列不同的效应，它们由一个数，即每秒钟的振荡次数，统一在一起。建筑物墙上的电线中的电流产生的"干扰信号"的频率大约是每秒100次。如果我们把频率增加到500赫兹或1000千赫兹，那就是无线电广播所用的频率范围。（英文中"正在广播"是on the air，当然广播和空气(air)毫无关系！没有任何空气，在真空中也可以进行无线电广播。）如果我们再度提高频率，我们就进入了调频广播和电视所用的波段。频率进一步增高就是短波，例如雷达用的波。频率再高，就不需要仪器来"看"这些波了，我们可以用肉眼来看。在 $5 \times 10^{14} \sim 5 \times 10^{15}$ 赫兹的频率范围内，我们的眼睛能够看见带电梳子的振荡，只要我们能够把梳子摇得这么快。我们将看到红光、蓝光或紫光，依它们的频率而定。低于这个范围的频率叫做红外光，高于这个范围的叫紫外光。从一个物理学家的观点看，我们能够看见特定频率范围内的波这一事实，并不使这一段电磁波谱比别的波段更特别，但是从一个人的观点看，当然这个波段更令人感兴趣。如果频率再高，我们就得到X射线。X射线不是别的，只不过是频率很高的光。频率再高，就到 γ 射线。X射线和 γ 射线这两个名称，几乎是当作同义语

33 来使用。通常把从原子核发出的电磁波射线叫做 γ 射线，而从原子发出的高能电磁波则叫做 X 射线，但是不论它们起源在哪里，当它们的频率相同时，它们在物理上是无法分别的。频率更高的波，比方说 10^{24} 赫兹，我们可以人工生成，比方用我们加州理工学院的同步加速器。在宇宙线中，我们可以发现频率极高的波，其振荡频率甚至更快 1000 倍。这些波我们还不能控制。

表 2-1　电磁波谱

频率（赫兹）	名　称	大致行为
10^2	电干扰	场
$5 \times 10^5 \sim 10^6$	无线电广播	波
10^8	调频—电视	
10^{10}	雷达	
$5 \times 10^{14} \sim 10^{15}$	光	
10^{18}	X 射线	粒子
10^{21}	γ 射线（原子核）	
10^{24}	γ 射线（"人工"）	
10^{27}	γ 射线（宇宙线中）	

2-3　量子物理学

在描述了电磁场的概念和了解电磁场能够传送波之后，我们很快就知道，这些波的行为实际上十分奇特，很不像一个波。在比较高的频率上它们的行为更像是粒子！正是在 1920 年后发现的量子力学解释了这种奇特的行为。在 1920 年前的那几年，爱因斯坦已经改变了把空间看作三维空间、把时间看作与空间分离的单独存在的图像，首先是把空间和时间组合在一起，叫做时-空，然后更进一步用弯曲的时-空表示万有引力。于是，宇宙的舞台就变为时-空，而引力则可认为是时-空的一种改变。然后又发现，关于微小粒子运动的法则是不正确的，在原子世界里，"惯性"和"力"的力学法则——牛顿定律是错的。相反，人们发现，小尺度上事物的行为与大尺度上的事物毫无相似之处。这给物理学带来了困难，也带来了饶有兴趣的挑战。之所以说是困难的，因为事物在小尺度上的行为方式是如此"违背常理"；我们对它没有任何直接经验。这里事物的行事方式与我们已知的任何事物都不相像，因此除了解析方法外，用任何别的方法来描述这种习性是不可能的。它是困难的，得有丰富的想象力。

量子力学中有许多新想法。首先，它不再允许一个粒子既有确定的位置又有确定的速度；它认为这个观念是错误的。为了表明经典物理学怎么错了，看下面的例子。量子力学中有一条定则是，不可能同时既知道一样东西在什么地方，又知道它运动得多快。动量的不确定量和位置的不确定量是互补的，二者的乘积是常数。我们可以把这条定律写成 $\Delta x \Delta p \geq h / 2\pi$，后面会对它做更详细的说明。这条定则解释了下面这个非常神秘的佯谬：如果原子是由正电荷和负电荷组成的，它们相互吸引，那么为什么负电荷不是干脆掉到正电荷上，彼此完全抵消呢？为什么原子有这么大？为什么原子核稳坐中央而电子环绕着它？开始曾以为，原子核就有这么大；但是不然，原子核非常小。一个原子的直径大约有 10^{-8} cm，原子核的直径只有约 10^{-13} cm。如果我们有一个原子并希望看到原子核，那么我们必须把原子放大到一间大房子那么大，这时原子核才刚刚是可以用眼睛分辨出来的一个小斑点，但是几乎原子的全部重量都集中在这个无比小的原子核上。是什么原因使电子不掉进去呢？就是上面这条定理：如果电子都掉进原子核，我们就知道它们的精确位置，于是不确定原理就要求它们具有一个非常大（但是不确定）的动量，也就是一个很大的动能。有了这个能量，电子就将摆脱原子核。于是它们达成一个妥协：电子为这种不确定性给自己留下一点空间，同时按照这条定则以最小的运动量振动着。（记得我们前面说过，当一块晶体冷却到绝对零度，它的原子并不停止运动，仍然在振动。为什么？因为如果原子停止振动，我们就会知道它们的精确位置同时知道它们的运动速度为零，而这是违反不确定原理的。我们不能同时知道它们的位置和它们运动的速度，因此它们必须在那里不断地扭动。）

量子力学带来的另一个科学观念和科学哲学上的最为有趣的变化是：在任何情况下都不可能精确预言将会发生的事情。例如，我们有可能使一个原子处于准备发光的状态，也能够通过探测光子来测量一个原子已经发光（这很快就会讲到）。但是，我们无法预言它将在什么时候发光，或者在有几个原子的情况下，哪个原子会发光。你也许会说这是因为有某种内部的机制在起作用，这种内部机制我们还没有足够靠近地观察过。不，没有什么内部机制，按照我们今天的理解，大自然的行事方式是，从根本上就不可能精确预言在给定的一个实验中究竟会发生什么事。这是一种很糟糕的事；事实上，哲学家以前曾说过，科学的基本要求之一就是，只要有相同的条件，就一定会发生相同的事。这并不正确，它不是科学的一个基本要求。事实上，并不发生相同的事，我们能得到的只是所发生的事的一个统计平均。不过，科学并没有因此而完全崩溃。顺便说一句，哲学家对科学绝不可少的条件说过很多，但是人们看到，他们说的都相当天真，有时甚至是错的。例如，这个或那个哲学家说，科学工作的一个基本要求是，如果在一个地方，比方说斯德哥尔摩，做一个实验，然后在另一个地方比方说基多[1]做同一个实验，一定会得到同样的结果。这完全是错的。科学并不必然是这样；这可能是一个经验事实，但是并不必然如此。例如，如果一个实验是观察天空，那么在斯德哥尔摩会看到北极光，而在基多却看不到；这两个结果就不同。"但是"，你说，"这件事与室外的情况有关；你能把自己关在斯德哥尔摩的一间黑房子里，把窗帘拉下来，这样也能找到什么区别吗？"肯定能。如果我们把一个摆挂在一个万向节上，把它拉起一个角度，再放开它，那么摆就会几乎在一个平面内摆动，但是不严格在一个平面内。在斯德哥尔摩，摆动平面会慢慢转动，而在基多则不会。在基多窗帘也是拉下来的。这件事的发生并没有带来科学的毁灭。科学的基本假设、它的基本哲学到底是什么？我们在第1章就说过，实验是检验任何观念的正确性的惟一标准。如果发现大多数实验在基多给出的结果和在斯德哥尔摩做出的结果一样，那么这些"大多数实验"就会用来抽象出某个普遍定律，而对那些结果不同的实验，我们就会说这是由斯德哥尔摩附近的环境引起的。我们将会发明某种方法来概括实验的结果，而不必让人家事先告诉我们这种方法是怎样的。如果有人告诉我们，同样的实验总是产生同样的结果，那很好；但是如果我们试过之后发现并不是这样，那就不是这样。我们仅仅必须接受我们所看见的，然后通过我们的实际经验来形成我们其他的观念。

36

再回到量子力学和基础物理学上来。当然，现在我们还不能详细讲述量子力学原理，因为它们不容易懂。我们将假定已经有了这些原理，然后讲讲它们的某些结果。结果之一是，我们习惯于视为波的事物也具有粒子的习性，而粒子也具有波的习性。事实上万事万物的行为

---

1. 厄瓜多尔首都，在赤道上。——译者注

都是这样，不存在波和粒子的区分。因此量子力学把场及波的概念和粒子的概念统一起来，成为一个统一体。的确，当频率低时，现象的场的一面更明显，或者是一种更有用的通过日常经验对现象的近似描述。但是随着频率增高，对于我们通常用来进行测量的仪器，现象的粒子的一面就变得更明显。实际上，虽然我们提到过许多频率，但是迄今并没有探测过任何直接涉及 10^{12} 赫兹以上频率的现象。我们只是根据一条假定量子力学的波 - 粒二象性成立的定则，从粒子的能量推出更高的频率的存在。

37　　　于是我们对电磁相互作用就有了一种新看法。我们有了一种新粒子，加入到电子、质子和中子的行列中。这种新粒子叫做光子。这种对电子和质子之间的相互作用的新看法叫做量子电动力学，它就是电磁理论，但是其中一切内容在量子力学上都是正确的。它是光与物质之间相互作用，或电场与电荷之间相互作用的基础理论，是物理学中迄今最成功的理论。在这个理论中，我们得到了除万有引力和原子核过程外一切通常现象的基本法则。例如，从量子电动力学得出了全部已知的电学、力学和化学定律：弹子球碰撞的定律，导线在磁场中运动的定律，一氧化碳的比热，霓虹灯的颜色，食盐的密度，氢和氧发生反应生成水，它们全都是这个新理论的推论。如果情况足够简单，使我们能够做出近似，就能推出所有这些细节；当然情况几乎永远不会如此简单，但是常常我们多少能够理解所发生的事情。迄今为止，在原子核之外我们还没有发现量子电动力学定律有例外，而在原子核里，我们不知道是否有例外，因为我们还不清楚原子核里发生的过程。

　　　于是，在原则上，量子电动力学就是全部化学和生命科学的理论 —— 如果生命科学最终可以归结为化学，从而也就归结为物理学的话，因为化学已经归结为物理学（与化学有关的那一部分物理学早就知道了）。不止如此，量子电动力学这个伟大的理论，还预言了许多新的事实。首先，它说明了甚高能光子、γ 射线等的性质。它还有另一个重要的预言：在电子之外，还应当存在另外一个质量相同，但是电荷反号的粒子，叫做正电子，这两种电子碰到一起时，会彼此湮没而发射光或 γ 射线。（归根结底，光和 γ 射线是一回事，只是频率不同。）这个事实的推广，即每一种粒子都有一种反粒子，也被发现是正确的。在电子的场合，反粒子有另一个名称——正电子，但是对别的粒子，其反粒子就叫做反什么什么子，像反质子、反中子。在量子电动力学中，引进了两个数值，认为世界上大部分其他数值都可以从这两个数值推导出来。这两个基本数值就是电子的质量和电子的电荷。实际上，事情并非完全如此，因为化学中还有一套数据，告诉我们不同的原子核有多重。这就把我们引向下一题目。

2-4 原子核和粒子

原子核是由什么组成的，它们又是怎样结合在一起的？我们发现，原子核是靠极大的力结合在一起的。把原子核松绑时会放出巨大的能量，它与化学能量之比同原子弹爆炸与TNT炸药爆炸之比相同，这是当然的，因为原子弹与原子核内的变化有关，而TNT的爆炸与原子外层的电子的改变有关。问题是，这种把质子和中子在原子核里结合在一起的力到底是一种什么力？汤川秀树(Yukawa)提出，正像电相互作用可以和一种粒子——光子联系起来一样，中子和质子之间的力也有某种场存在，这个场振动起来时其行为像是一个粒子。因此世界上除了质子和中子以外还可能有一些其他的粒子，并且他能从已知的核力特征推出这些粒子的性质。例如，他预言，这种粒子的质量应当是电子质量的两三百倍；而你瞧，在宇宙线里，发现了一个质量是这个数值的粒子！不过后来发现这个粒子不是汤川预言的粒子。它叫 μ 介子或 μ 子。

39　　但是，没过多久，在1947年或1948年，发现了另外一个粒子，π 介子或 π 子，它满足汤川的判据。这样，除了质子和中子外，为了得到核力，我们还必须加上 π 子。于是你说："真棒！有了这个理论，我们就可以像汤川想的那样用 π 子建立起量子核动力学了，看它行不行，如果行，万事万物都可以解释了。"但是很倒霉，后来发现，这个理论包含的计算极困难，没有人能够从这个理论算出什么结论并用实验来检验它。现在差不多已20年了，情况一直如此。

因此我们被这个理论难住了，我们不知道它到底是对还是错，但是我们知道它的确有点毛病，至少是不完备。正当我们在理论上徘徊不前，试图从这个理论算出一些结果时，实验物理学家却发现了一些东西。例如，他们已经发现了 μ 介子或 μ 子，但是在理论中却没有它的地位。另外，在宇宙线里，还发现了大量其他"额外"的粒子。今天我们已经知道大约有30种粒子，很难理解所有这些粒子之间的关系：大自然要这些粒子做什么？这个粒子和那个粒子有什么联系？今天我们还不能把这些粒子理解为同一事物的不同的侧面，我们有这么多互不关联的粒子的事实本身，就表明我们还缺乏一个良好的理论，来说明这么多互不关联的信息。[1]在量子电动力学的巨大成功后，我们已有了

1. 费曼说的是当时即20世纪60年代初的情况。这样的理论现在已经有了，那就是盖尔曼提出的夸克模型、温伯格和萨拉姆提出的电弱统一理论和它们构成的粒子物理统一模型。——译者注。

一定的原子核物理学知识，但这些知识是粗糙的、半经验半理论的，它假设质子和中子之间的力为某一类型，然后看会有什么结果，而不真正理解力的来源。除了这些之外，我们取得的进展就很少了。在化学方面，我们曾有过大量的化学元素，突然间，元素之间显现出我们未曾预期的关系，具体说就是门捷列夫周期表。比方，钠和钾的化学性质大致相同，它们在门捷列夫周期表里就处于同一列中。我们一直在为新粒子探寻这种门捷列夫式的表。一张这样的新粒子表是美国的盖尔曼和日本的西岛各自独立提出的。他们的分类的基础是一个新的数，叫做"奇异性"S，每个粒子都有一个S值，就像电荷一样。在核力引发的过程中，粒子的奇异性也像电荷一样是守恒的。

在表2-2中列出了所有的粒子。在这里我们无法对这个表详做讨论，但这个表至少会告诉你还有多少是我们所不知道的。在每个粒子下面给出它的质量，单位为MeV（兆电子伏）。1 MeV等于1.782×10^{-27}克。选用这个单位是由于历史原因，我们这里不去说它。质量越大的粒子排在表中越高的地方；我们看到，中子和质子的质量几乎相同。在竖直的每一列中的粒子有相同的电荷，所有的中性粒子在同一列里，所有带正电的粒子在这一列的右边，所有带负电的粒子在其左边。

在表中，粒子用实线表示，而虚线表示的则是"共振态"。表中略去了几个粒子，它们包括重要的零质量、零电荷的粒子，即光子和引力子，它们不属于重子—介子—轻子的分类框架之内；还包括一些较新的共振态（K*，Φ，η）。在表中列出了介子的反粒子，但是轻子和重子的反粒子则不得不列在另一张表中，它看起来正好是这张表对于中间的零电荷列的左右反演。虽然除了电子、中微子、光子、引力子和质子之外的所有粒子都是不稳定的，但在表中只列出了共振态的衰变产物。轻子没有奇异数，因为它们与原子核没有强作用。

表2-2　基本粒子

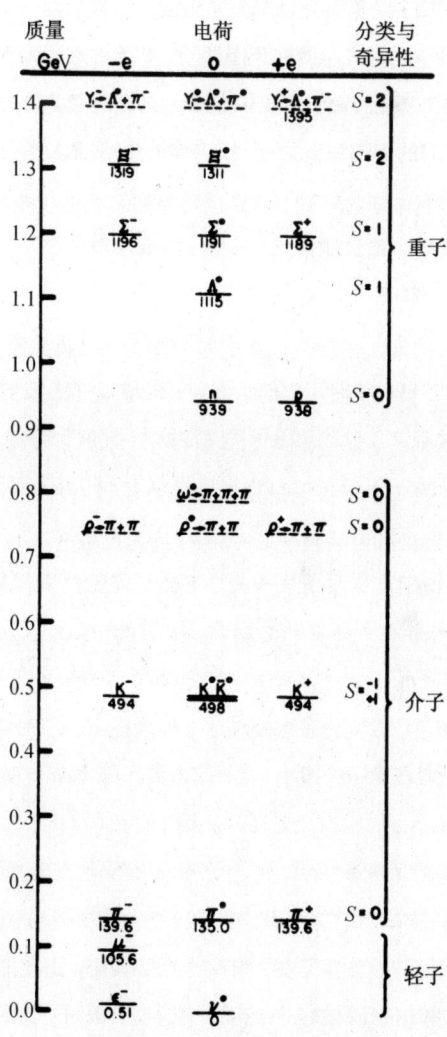

所有与中子和质子放在一起的粒子统称重子，有以下几种：Λ粒　　42
子，质量为1115 MeV；三个别的粒子，叫负Σ子、中性Σ子和正Σ子，
它们的质量几乎相同。粒子分成一组一组或多重态，同一组中的成员
的质量几乎相同，只差百分之一到百分之二，并且奇异数相同。第一个
多重态是质子—中子二重态，然后是Λ子单重态，再往后是Σ子三重
态，最后是Ξ二重态。最近，在1961年，又发现了几个粒子。但是它们
是粒子吗？它们的寿命如此之短，几乎刚一形成就蜕变了，我们不知道
是应当把它们看做新粒子呢，还是应当看成它们的蜕变产物Λ子和π
介子之间具有某一确定能量的"共振"相互作用。

重子以外的卷入核相互作用的粒子叫介子。首先是π介子，它有
三种形态：正、负和中性；它们组成另一个多重态。我们还发现了某些
新粒子叫做K介子，它们是一个二重态，K^+和K^0。而且，每个粒子都
有其反粒子，除非一个粒子是它自身的反粒子。例如π^+和π^-互为反
粒子，但π^0是自身的反粒子。K^-和K^+互为反粒子，K^0和$\overline{K^0}$也互为反
粒子。此外，1961年又发现了一些介子或可能的介子，它们几乎刚一形
成就蜕变。其中一个叫ω的具有780 MeV的质量，它蜕变为三个π
介子，还有一个不太确定的东西蜕变为两个π介子。以上这些叫做介
子和重子的粒子，以及介子的反粒子，都放在同一个表中，但是重子的
反粒子则必须放在另一个表中，后一表是前一表对零电荷列的"反射"。

门捷列夫的周期表很完善，除了有一些稀土元素挂在外面。同样，
也有一些粒子挂在我们这个表之外，这些粒子并不在原子核里强烈地
相互作用，它们与核作用无关，没有强相互作用（指核能的强有力的相
互作用）。这些粒子叫做轻子，有以下这些：电子，它的质量很小，只
有0.510 MeV。还有一个，μ介子或μ子，它的质量大得多，是电　　43

子的206倍。我们所能说的是，根据迄今所有的实验，电子和 μ 子之间的惟一差别仅在于质量。μ 子的一切方面都和电子完全相同，除了 μ 子比电子重。为什么有一种更重的粒子？它有什么用？我们不知道。此外，还有一个中性的轻子，叫做中微子，它有零质量。事实上，现在知道有两种不同的中微子，一种与电子有关，另一种与 μ 子有关。

最后，我们还有两种粒子，它们与核子没有强相互作用：一种是光子，另一种也许是具有零质量的引力子 —— 如果引力场也有一个量子力学理论的话（量子引力理论还没有建立），就应当有这样一种粒子。

什么是"零质量"？这里说的质量是粒子静止时的质量。一个粒子具有零质量意味着它不能静止。光子是永远不会静止的，它总是以每秒300000千米的速度运动。当我们在适当的时候学了相对论以后，我们对质量就会懂得更多一些。

这样，我们就面对着一大群粒子，它们合起来像是物质的基本组分。还好，这些粒子在它们的相互作用中的行为并不是全都不同的。事实上，粒子之间的相互作用似乎仅有四种，按照强度减小的顺序，它们是：核力，电相互作用，β 衰变相互作用和引力。光子与所有的带电粒子相耦合，其相互作用的强度用一个数1/137来量度。这种耦合的详细定律已经知道了，那就是量子电动力学。引力同一切能量相耦合，但耦合强度极弱，比电作用弱得多。引力的定律也已经知道了。然后是所谓弱作用 —— β 衰变了，它使中子相对缓慢地蜕变为质子、电子和中微子。它的定律还只是部分知道。所谓强相互作用即介子-重子相互作用之强度为1，它的定律还完全不知道，虽然已有了一些已知的定则，比方重子数在任何反应中不变。

表2-3 基元相互作用

耦合种类	强度*	定律
光子与带电粒子	$\sim 10^{-2}$	已知
引力与一切能量	$\sim 10^{-40}$	已知
弱作用	$\sim 10^{-5}$	部分知道
介子与重子	~ 1	还不知道（已知某些定则）

*"强度"是每种相互作用中的耦合常数的无量纲量度（~意味着"近似于"）

　　这就是今天物理学面临的情况。总结一下，我可以这样说：在原子核外，看来什么都知道了；在原子核里面，量子力学是成立的——还没有发现量子力学的原理在那里失效。我们要说，积聚我们知识的舞台是相对论性时-空，引力或许就包括在时-空中。我们不知道宇宙是怎样开始的，我们从未做过实验，在某个小距离以下精确检验过我们关于空间和时间的概念，因此我们只确知，我们的概念在大于那个距离的尺度上是成立的。我们还应当加上，这场弈棋的规则是量子力学的原理，就我们迄今所知，这些原理像适用于已知的老粒子一样适用于新发现的粒子。核力的起源导致我们发现新粒子，但是糟糕的是，新发现的粒子太多了，我们缺乏对它们的相互关系的完整理解，虽然我们已经知道它们之间存在一些非常出人意外的关系。我们看来是在摸索着前进，逐步接近对亚原子世界的理解，但是我们确实不知道，为完成这个任务我们还得走多远。

45

第 3 章

物理学与
其他学科的关系

3-1　引言

物理学是最基础的、包罗万象的学科，它对整个科学发展有过深远 47
的影响。事实上，物理学是过去所称的自然哲学在今天的等当物，现代
科学的大部分来自于自然哲学。由于物理学在一切自然现象中所起的
基础性作用，许多领域内的学生都发现自己在学习物理学。在本章中，
我们将试图说明其他学科中有哪些基础性问题，但是，在这么一点篇
幅内，当然不可能真正讨论这些其他领域内的复杂、微妙和美丽的内
容。缺少篇幅也使我们不能讨论物理学与工程、产业、社会和战争之间
的关系，甚至不能讨论数学和物理学之间的最引人注目的关系。（在我
们看来，从数学不是一门自然科学的意义上来说，数学并不是一门科
学。它的正确性不是用实验来检验的。）顺便说一句，我们必须从一开
始就讲清楚，一件事情不是科学，这并不一定是坏事。例如，爱就不是
科学。因此，如果说什么事不是科学，这并不意味着这件事有什么错；
这仅仅意味着它不是科学。

3-2　化学

受物理学影响最深的科学也许就是化学了。在历史上，化学早期的 48
内容几乎完全是今天所称的无机化学，即与生物体无关的物质的化学。
为了发现许多元素的存在和它们的关系 —— 即它们怎么组成岩石、泥
土等中的种种简单的化合物，曾进行过大量的分析。早期的化学对物
理学是非常重要的，这两门学科之间的相互作用非常之大，因为原子
理论在很大的程度上是由化学实验证实的。化学理论，即关于化学反
应本身的理论，在很大的程度上被总结在门捷列夫的周期表中，周期

表揭示了各种元素之间的许多奇特的关系,它是构成无机化学的种种
定则的汇总:哪一种元素可以和哪一种元素化合、怎样化合,等等。所
有这些定则最终在原则上得到量子力学的解释,因此理论化学实际上
就是物理学。但是,必须强调,这种解释只是原则上的。我们已经讨论
过知道弈棋规则和会下棋之间的区别。我们可以知道规则,但是下得
不怎么样。我们发现,要精确预言某一化学反应的结果是非常困难的;
但无论如何,理论化学最终的归宿是在量子力学中。

还有一门由物理学和化学共同发展起来的极其重要的分支学科,
那就是把统计学方法应用于力学规律起作用的场合,这个分支被贴切
地称为统计力学。在任何化学场合下,都包含有大量的原子,而我们已
经看到,原子总是在以非常无规和复杂的方式不断地振动。如果我们
能够分析每一次碰撞,并且能够跟踪每个分子运动的细节,我们或许
能够计算出会发生什么,但是要跟踪所有这些分子所需的大量数据,
将会远远超出任何计算机的容量,当然也会超出人脑的容量,因此重
要的是要开发一种方法来处理如此复杂的情况。统计力学便是关于热
现象或热力学的学科。无机化学作为一门科学,现在实质上已归结为
物理化学和量子化学;物理化学研究的是反应的速率和发生的详细情
况(分子如何碰撞?哪些碎片先飞走?等等),而量子化学则帮助我们通
过物理定律来理解所发生的事。

化学的另一个分支是有机化学,与生物体有关的物质的化学。人
们曾一度相信,与生物体有关的物质是如此神奇,它们是不可能用人
工方法从无机物制得的。事情完全不是这样——有机物完全可以像无
机化学中的物质那样用人工制得,只是包含的原子排列更复杂。有机
化学显然同提供有机物的生物学、同工业有密切的关系,并且物理化

学和量子力学的许多内容可以像应用于无机物一样应用于有机物。但是，有机化学的主要内容并不是在这些方面，而是在分析与合成生命系统中、生物体中形成的物质。这样，我们就在不知不觉中被逐步带到生物化学，进而被领入生物学本身，或分子生物学。

3-3 生物学

这样我们就进入了生物学，研究生物体的科学。在生物学的早期，生物学家限于进行纯粹的描述性工作，找出有哪些生物体，所以他们要做的便是诸如此类的事，像数数跳蚤脚上有多少根毛之类。在以很大的兴趣做完这些事之后，生物学们进而考虑生物体内部的机制，起初当然是以比较粗略的观点，因为要掌握详情细节是需要经过一番努力的。

物理学和生物学之间早期的关系中曾有过一件有趣的事：生物学帮助物理学发现了能量守恒定律。迈耶(Mayer)在关于生物吸收和放出的热量的问题上首先显示了能量守恒。

只要我们更细致地观察动物的生物学过程，就会看到许多物理现象：血液的循环、心脏的跳动、血压等。还有神经：当我们踩在一块尖石头上，我们知道发生了什么事，信息不知用什么方式从脚底传了上来。信息是怎样传递的是很有趣的。生物学家通过对神经的研究，得出了这样的结论：神经是纤细的小管子，有非常薄而复杂的管壁；细胞通过这层管壁抽运离子，管外有正离子而管内有负离子，就像个电容器一样。这层薄膜有一个有趣的性质：如果它在某个地方"放电"，即有一些离子通过这个地方，使这里的电压减少，那么这样造成的电效应就会让邻近的离子感觉到，影响邻近地点的薄膜，使它也让离子通过。这又依次影响到越来越远的地方，于是就出现一个波，它是薄膜的"可渗透性"的变化，当神经纤维的末梢由于踩到尖石头而受到"激发"后，它就沿着神经纤维传播。这个波有点像一长列竖立的多米诺骨牌，当末端的一个被推倒，它就将邻近的一个带着推倒，等等。当然，这只能传递一个信息，除非把所有的多米诺骨牌重新扶起来排好；同样，在神经细胞中，也有把离子缓慢地重新排出的过程，使神经为下一个脉冲做好准备。就是这样一个过程让我们知道我们正在做什么（或至少让我们知道我们在什么地方）。当然这个与神经脉冲有关的电效应可以用电子仪器检测到，而且，由于有电效应存在，关于电效应的物理学对理解这种现象显然很有帮助。

51

反过来的效应是从大脑中某处沿着神经送出一个信息。这时在神经末梢发生什么情况呢？神经在这里分成纤细的分支，与肌肉纤维附近的一个叫做终板的结构连接。由于一些现在还不完全理解的原因，当脉冲到达神经末梢时，会射出一小团叫做乙酰胆碱的化学物质（每次5到10个分子），它们影响肌肉纤维，使它收缩——这多么简单！什么使肌肉收缩呢？肌肉是由大量紧挨着的纤维组成的，含有两种不同的物质：肌球蛋白和肌动球蛋白，但是由乙酰胆碱引发的化学反应为什么能够改变分子的大小，其机制现在还不清楚。因此在肌肉中引起机械运动的基本过程现在还不清楚。

生物学的领域是如此广阔，有大量的问题我们根本无法触及，这包括视觉的机制（光在眼睛里干了些什么）、听觉的机制等问题（思维进行的机制将在后面心理学一节中讨论）。可是，从生物学的观点来看，我们刚才讨论的这些关于生物学的事情实际上并不是基础性的，并不是生命的根本，即使我们理解了它们，我们还是不理解生命本身。举个例子：研究神经的人认为他们的工作是很重要的，因为毕竟不论什么动物都有神经。但是没有神经仍然可以有生命。植物既没有神经也没有肌肉，但是它们照样生存着，照样活着。因此对生物学的基本问题，我们必须看得更深刻一些。如果我们这样看，我们就会发现，所有的生物体有许多共同的特征。最普遍的特征是它们都是由细胞组成的，在每个细胞内都有发生化学反应的复杂机制。例如，在植物细胞中有利用光生成淀粉的机制，淀粉在黑暗中又消耗掉以维持植物的生命。当植物被动物吃掉后，淀粉在动物体内产生一系列化学反应，这些化学反应同植物体内的光合作用（及其在黑暗中的反向作用）有很密切的关系。

52

在生命系统的细胞内，有许多复杂的化学反应，在反应中一种化合物变成另一种化合物，再变成另一种化合物。为了对生物化学研究中做出的巨大努力有一些印象，我们在图3-1中总结了迄今为止所知道的在细胞中发生的化学反应的很小一部分（大约只占细胞中的全部化学反应的1%）。

这里我们看到一系列的分子，它们在由一串不多几步构成的循环中从一种变成另一种。这个循环叫做克雷布斯循环[1]或呼吸循环。从分子里发生的变化来看，每种化合物和每步反应都不复杂，但是这些反应在实验室里却相对地难以完成 —— 这是生物化学中一个非常重要的

---

1. 克雷布斯（Krebs,H.A.），英籍德裔生物化学家。1937年发现三羧酸循环，对细胞代谢和分子生物学研究作出重要贡献，因此获1953年诺贝尔生理学或医学奖。——译者注

发现。如果我们有一种物质和另一种很相似的物质，前者并不顺当地
转变成后者，因为二者之间通常隔着一个能量障碍或"位垒"。考虑这
样一个比方：如果我们想要把一个物体从一个地方挪到另一个地方，
两个地方在同一海拔高度上，但是隔着一座小山。我们可以把它推过
山顶，但是就需要若干附加的能量。因此大多数化学反应都不会发生，
因为有一种所谓活化能横亘在它们之间。为了在一种化合物中增加一
个额外的原子，需要使这个原子和该化合物挨得足够紧，这样才能发
生某种重新排列，然后它才会结合到那个化合物上去。但是如果我们
不能给它足够的能量使它足够靠近，这个反应就不会完成，原子只会
爬上这座"山"的山腰然后又退回来。可是，如果真的能够把分子拿
在手中，把它的原子扒拉来扒拉去以使得出现一个缺口，让新原子进
53　来，然后再把缺口很快堵上，那么我们就找到了另一个办法，即绕过小
山，这就不需要额外的能量，而反应就容易进行。在细胞里实际存在一
种很大的分子，比我们刚刚描述过其变化的分子大得多，这种大分子
以某种复杂的方式使较小的分子处于正好的状态，使得反应容易发生。
这些大而复杂的分子叫做酶。（它们起初叫做酵素，因为是在糖的发酵
过程中发现的，事实上克雷布斯循环最初找到的一些反应都是在发酵
中发现的。）有酶存在时反应就会进行。

　　酶是由另一种叫做蛋白质的物质构成的。酶分子大而复杂，每种
酶都不同，用来控制特定的反应。在图 3-1 中的每个反应上写出了有关
的酶的名称。（有时同一种酶可以控制两个反应。）我们强调，酶本身
54　并不直接参与反应。它们并不变化，只是让一个原子从一个地方挪到
另一个地方。做完以后，它又准备好对下一个分子做同样的事，就和工
厂里的机器一样。当然，得要有供应原子的源和处置其他原子的方法。
以氢为例：有几种酶，其上具有特殊的单元，能在一切化学反应中运送

氢原子。例如，有三四种脱氢酶，在我们整个循环的不同地方要用到。有趣的是，在一个地方释放某些氢原子的机制，将取走这些氢原子并用到别的地方。

图3-1的循环中，最重要的是GDP（二磷酸鸟嘌呤核苷）到GTP（三磷酸鸟嘌呤核苷）的转变，因为它们之中一种物质的能量比另一种物质多得多。正像在某些酶中有一个运送氢原子的"盒子"一样，也有特殊的运送能量的"盒子"，这包括三磷酸基。因此，GTP具有比GDP更多的能量；如果反应朝某个方向进行，我们就制造出具有额外能量的分子，这些分子能够驱动另一种需要能量的反应，比如肌肉的收缩。如果没有GTP，肌肉就不会收缩。我们可以拿一些肌肉纤维放在水里，

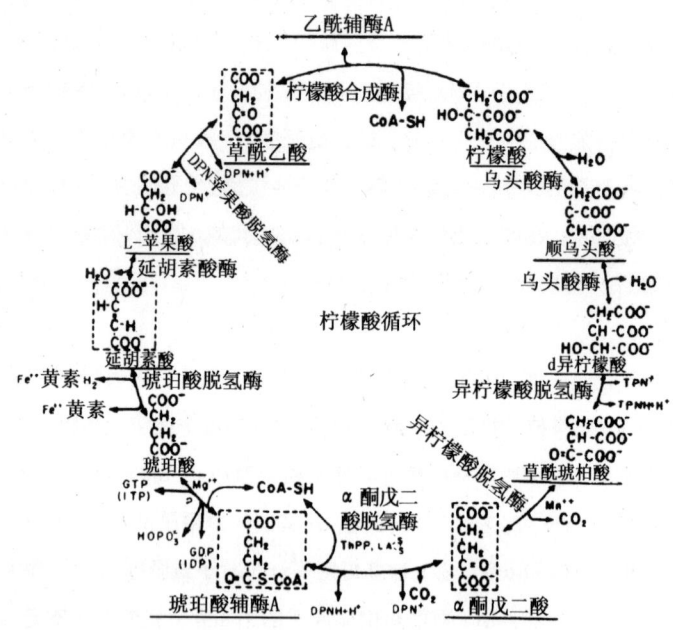

图3-1 克雷布斯循环

往水里加GTP，如果存在合适的酶，肌肉纤维就收缩，GTP就变为GDP。因此真实的系统是处于GDP-GTP转变中；在晚上，GTP积存起来，而白天则用掉，使整个循环往另一个方向进行。你看，酶并不在乎反应往哪个方向进行，否则就会违反一条物理学定律。

物理学在生物学和其他科学中极其重要，还有另一个原因，这同实验技术有关。事实上，如果没有实验物理学的巨大发展，今天就不可能知道这些生物化学循环图。这是因为，分析这个极为复杂的系统的最有用的工具，就是对反应中用到的原子加标记。于是，如果我们可以把一些上面有"绿色标志"的二氧化碳引入循环中，然后在3秒钟后测量绿色标志在什么地方，然后在10秒钟后再测量绿色标志在什么地方，等等，我们就可以追踪反应的过程。什么是"绿色标志"呢？它们是不同的同位素。我们还记得，原子的化学性质是由电子的数目决定的，而不是由原子核的质量决定的。但是，比方说碳，碳原子核中，和一切碳核都有的6个质子在一起，可以有6个中子或者7个中子。在化学上，两种原子^{12}C和^{13}C是相同的，但是它们的质量不同，核的性质不同，因此是可以辨别的。利用这些不同质量的同位素，或甚至利用像^{14}C这样的放射性同位素（它提供了更灵敏的追踪微量物质的手段），就能够追踪反应的进程。

现在，我们回过头来描述酶和蛋白质。并非所有的蛋白质都是酶，但是所有的酶都是蛋白质。有许多种蛋白质，比如肌肉中的蛋白质，结构蛋白，它们存在于诸如软骨、头发、皮肤等之中，这些蛋白质本身并不是酶。但是，蛋白质是非常有特征的生命物质：首先，它们组成了所有的酶；其次，它们构成了大部分其余的生命物质。蛋白质具有很有趣而简单的结构。它们是一串不同的氨基酸，或一条氨基酸链。共有20种不同的氨基酸，它们都能互相组合形成链，其中的骨架是CO-NH等。蛋白质不是别的，正是各种不同氨基酸组成的链。每种氨基酸可能是用于不同的具体用途。例如，有些氨基酸在某个地方有一个硫原子；当同一蛋白质分子中有两个硫原子时，它们就形成一个键，也就是说，它们在这两点上把链接起来形成一个环。另一个氨基酸有额外的氧原子，这使它成为酸性物质；还有一种则有碱性特征。它们之中有一些在一旁挂着一个巨大的原子团，从而占据很大的空间。有一种叫做脯氨酸的氨基酸实际上不是氨基酸，而是亚氨基酸。它们有些小区别，结果当链里含有脯氨酸时，链就会有一个扭结。如果我们想要制造某种具体的蛋白质，就应当遵照这些规则：在这里放一个硫钩；再加上某种东西占据空间；然后再添上某种东西使链有一个扭结。这样，我们就将得到一条样子复杂的链，它钩连在一起，具有某种复杂的结构；这大概就是所有各种酶生成的方式。从1960年以来我们获得的一个重大胜利是终于弄清楚了某些蛋白质中原子的精确空间位置，这些蛋白质里排着大约56到60个氨基酸分子。在两种蛋白质的复杂图样中已经定位了1000个以上的原子（如果把氢原子也算进来就接近2000个原子）。第一种是血红蛋白。这个发现的一个不尽如人意之处是，我们并不能从这幅图样中看出任何东西；我们不理解为什么它具有那样的性能。当然，这是有待解决的问题。

另一个问题是，酶怎么知道该成为什么？一只红眼蝇生出一只小红眼蝇，因此产生红色素的全部酶组的信息必定从上一代传给下一代。这是由细胞核中一种叫做DNA（去氧核糖核酸的缩写）的物质完成的，它不是蛋白质。这种关键物质由上一代细胞传给下一代细胞（例如，精细胞主要由DNA构成），并且携带着如何生成酶的信息。DNA是一张"蓝图"。这张蓝图是什么样子？它怎么工作？首先，这张蓝图必须能够复制它自己。其次，它必须能够给蛋白质下指令。谈到复制，我们也许会以为这个过程像细胞的复制一样。细胞是简单地长大然后分裂成两半。那么，DNA分子也必须这样长大然后分裂成两半吗？每个原子肯定不会长大并分成两半！不，只有通过某种更聪明的方法，才能复制出一个分子来。

57 　对DNA的结构已经研究了很长一段时间了，首先用化学方法求出它的成分，然后用X射线方法求出它的空间图样。结果得到下述重大发现：DNA分子是一条双链，彼此缠绕在一起。这条链与蛋白质链类似，但化学成分完全不同。每条链的骨架是一系列糖和磷酸基，如图3-2所示。于是我们看出这条链怎么能够包含指令了，因为如果我们能够把这条链从中间劈开，我们就会得到一个序列BAADC…而每一种生物可以有一个不同的序列。因此，制造蛋白质的特定指令也许以某种方式包含在DNA的特定序列中。

　附在沿着链的每一个糖分子上，并且把两条链连结在一起的，是一些交叉连结对偶。它们并不都属于同一种，我们且管它们叫A,B,C,D。有趣的是，它们两两配对，只有同一对中的两个才能坐在一起，比如A和B是一对，C有四种，分别叫做腺嘌呤、胸腺嘧啶、胞嘧啶和鸟嘌呤，但和D是一对。这些对偶这样放置在两条链上，使它们"彼此对合"，具有很强的相互作用能。然而C不会和A相配，B也不会和C相配；它们只会配成对偶，A对B，C对D。于是如果一个是C，另一个就一定是D，如此等等。不论一条链上有些什么字母，在另一条链上同样位置的必定是其对偶字母。

　那么复制是怎么回事呢？假定我们把这条双链从中间切开成两条

单链。我们怎么能制出和原来完全一样的另一半呢？如果在细胞的物质里有一个制造部门，它产生出磷酸盐、糖和没有连成一条链的A、B、C、D单元，那么将要添加到我们劈裂的单链上的只会是正确的对偶单元，BAADC…的互补的对偶体ABBCD…于是实际过程是这样的：当细胞分裂时，链也从中间分开，一半最终和一个细胞在一起，另一半则跟着另一个细胞；在分离之后，每条单链都生成一条新的互补的另一半。

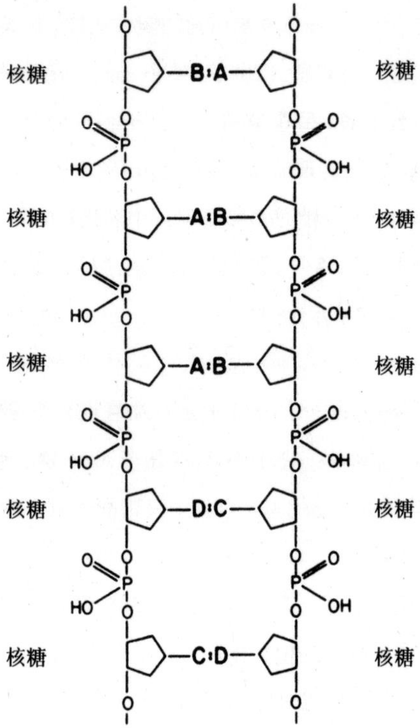

图3-2 DNA结构示意图

接下来的问题是，精确地说，A、B、C、D 的顺序如何决定蛋白质中氨基酸的排列？这是今天生物学中还没有解决的中心问题。不过，已有了一些初步线索或零碎的信息：在细胞中有一些微小粒子，叫做微粒体，现在知道它就是蛋白质生成的地方。但是微粒体不在细胞核内，而 DNA 及其指令却在细胞核里。这似乎是个麻烦。然而，现在也知道，有小的分子断片从 DNA 中放出，它没有携带全部信息的巨大 DNA 分子本身那么长，而像是它的一小段。它叫做 RNA，但名字无关紧要。它是 DNA 的一种拷贝 —— 一份缩微的拷贝。RNA 以某种方式携带着生成哪一种蛋白质的信息去到微粒体中，这我们已经知道了。当它到达那里后，微粒体就合成出蛋白质，这我们也知道了。但是，氨基酸是怎样进来以及它们是怎样根据 RNA 上的密码而排列成某种蛋白质的，其细节我们仍然还不知道。我们不知道怎样去解读密码。比方说，如果我们知道一段序列 ABCCA，我们也无法告诉你要生成的是哪种蛋白质。

在当代，肯定没有哪门学科或者领域，能够像生物学那样，在如此多的前沿上取得如此大的进展。如果我们要提名一个引导我们在理解生命的探索中不断前进的最强有力的假设，那就是万事万物都是由原子构成的，并且生物体的一切行为都可以通过原子的振动来理解。

3-4　天文学

在我们对整个世界的这个跑马观花式的解说中，现在必须转到天文学。天文学比物理学更古老。事实上，正是表明了恒星和行星的运动的奇妙的简单性才使物理学得以发轫，对它的理解是物理学的开始。但是全部天文学中最重大的发现是，所有的星星都是由同地球上一样的原子组成的[1]。这是怎么知道的呢?原子放出确定频率的光,这有点像乐器的音色,它有确定的音高或声音频率。当我们听到几个不同的音调时,我们可以把它们分开,但是当我们用眼睛看几种颜色的混合时,我们却不能说出它的成分颜色,因为眼睛在这方面的辨别能力远比不上耳朵。但是,用一台光谱仪我们可以分析光波的频率,用这个方法我们可以看到不同星球上的原子发出的真正"音调"。事实上,有两种元素是先在星星上然后才在地球上发现的。氦是在太阳上发现的,它的名字即由此而来[2],而锝则是在某些冷星上发现的。这当然使我们在理解星星方面取得了进展,因为它们是由和地球上一样的原子组成的,而今天我们已经知道了不少关于原子的知识,特别是原子在高温而密度不太大的状态下的行为,于是我们就可以用统计力学方法来分析星体物质的性能。即使我们不能在地球上复现星体的状态,用基本的物理定律我们还是常常能够精确地或者非常近似地说出会发生什么事情。因此物理学帮助了天文学。看来似乎奇怪,我们对太阳内部物质分布

---

1. 我这个解说是多么急匆匆啊!在这个简短的解说中,每句话包含有非常丰富的内容。"所有的星星都是由同地球上一样的原子组成的"。我通常要就这样一个小题目讲整整一堂课。诗人们常常抱怨科学剥夺了星星的美丽——只剩下由气体原子构成的球体。根本不是这么回事。我也能在旷野的夜空中看到星星,并且有所感受。但是我比他们是看到更多呢,还是更少呢?无垠的天空拓宽了我的想象,盯着看这个回转的天穹,我小小的眼睛可以捕获100万年前发出的星光。一幅浩瀚的图样,我就是这幅图样的一部分,也许组成我身体的材料就是由某颗已被遗忘的星星喷发出来的,就像那边那颗星正在喷发一样。或者如果用帕洛玛天文台更大的眼睛(200厘米望远镜)来看它们,就可以看到它们从某个公共的起始点往四面八方急速散开,它们在以前某个时候也许都挤在那个起始点。这是多么浩瀚的一幅图样!它的意义何在?它的成因是什么?对这些问题有一点了解并无损于宇宙的神秘。因为真理比过去任何艺术家所想象的都更为奇妙!为什么现在的诗人不去颂赞它呢?如果朱庇特(Jupiter,罗马神话中的主神,又是木星的外文名)像一个人,就能够颂赞他,而如果它是一团巨大的由甲烷和氨气组成的自转的球体,就必须三缄其口,这算什么诗人?
——原注

2. 氦的外文名称 helium 的原意是太阳素。——译者注

情况的了解远胜于我们对地球内部情况的了解。你也许会猜想，对远处的恒星，我们只能通过一架望远镜看到一个小光点，要了解其内部情况是极其困难的，但实际上，我们对一颗恒星内部发生的情况的了解要比你猜想的强，因为我们可以计算星体中的原子在大多数情况下的行为。

给人印象最深的发现之一是使星星不断发热发光的能量的来源。它的发现者之一，在认识到恒星中必须进行着核反应才能发光之后，有一天晚上和他的女友出来散步。女友对他说："看哪，这些闪耀的星星多美啊！"他回答说："是啊，此时此刻，我是世界上惟一知道它们为什么发光的人。"女友只对他一笑。她并不对同当时是世界上惟一知道星星为什么会发光的人出来散步这一点有什么特别深的印象。是的，不为人理解是可悲的，但是这个世界就是这样。

正是氢核的"燃烧"给太阳提供了能量；在这个过程中氢核转变为氦核。而且在星体中心，从氢最终制造出各种化学元素。构成我们的身体的材料，是在某个星球上一次"烹制"好后喷射出来的。我们是怎么知道的呢？因为有一个线索。不同的同位素的比例——^{12}C 占多少，^{13}C 占多少，等等，是化学反应改变不了的，因为化学反应对两种同位素是相同的。它们的比例完全是核反应的结果。通过考察这些熄灭了、冷却了的炉灰（我们自己就是这种产物）中各种同位素的比例，我们就能够发现制造组成我们身体的材料的火炉是什么样子。这个火炉很像恒星，因此很可能我们的元素是在恒星中制造并且在爆炸中喷射出来的，我们管这种爆炸叫新星和超新星。天文学和物理学是如此密切相关，随着我们向前行进，我们将学习许多天文学的东西。

3-5 地质学

现在我们转到人们所称的地球科学或地质学。首先是气象学和天气。当然气象学仪器是物理仪器，如我们前面所述，是实验物理学的发展使这些仪器成为可能。但是，物理学家从来没有得到过满意的气象学理论。你们会说："怎么啦，气象学中只考虑空气，而我们知道空气的运动方程。"的确我们知道。"那么，如果我们知道了今天的空气状态，为什么我们不能计算出明天的空气状态呢？"首先，我们并不真正知道今天的空气状态，因为空气到处涡动、打旋。它很敏感，甚至不稳定。如果你曾看到过水如何平滑地流过堤坝，然后在下落过程中变成大量的水珠和水滴，你就会懂得我说的不稳定是什么意思。你知道水流出溢水道之前的状态，它是完全平滑地流动的；但是一旦它开始往下掉，水滴是从哪里开始？是什么决定了水滴将会有多大以及它将在何处？这些都不知道，因为水是不稳定的，而空气更加。即使一团原来是平滑地运动的空气，在越过一座山时，就会变成复杂的旋涡和涡流。在许多领域我们都会遇到这种湍流情况，对这种情况今天我们还无法分析。那么，赶快离开天气这个题目，转而讨论地质学吧！

地质学的基本问题是，是什么使地球成为它今天这个样子？最明显的过程就在你们眼前，这就是河流、风等的侵蚀过程。这些过程很容易理解，但是对于每一点侵蚀都有等量的别的某种东西发生。平均说来，今天的山并不比它们过去低。因此必定有一种造山过程。如果你学习地质学，你将看到的确有造山过程和火山活动，这些现象占了地质学的一半内容，今天还没有人懂得。火山现象的实质没有人真正了解。造成地震的原因最终人们也不了解。现在知道的是，如果有什么东西推别的东西，就会突然断裂并将滑动 —— 这是对的。但是是什么在推，并且为什么会推呢?现在的说法是,地球内部有一种流动 —— 由于内外温度差而引起的环流,它们在运动中轻轻地推动地面。如果相邻有两股相反的环流,在它们相遇的地方物质就会堆积起来形成山脉,它们处于不平衡的受应力状态,从而引起火山爆发和地震。

63

地球的内部是怎样的?有关地震波穿过地球传播的速度和地球的密度分布的知识已经知道不少。但是,关于物质在地心处预期的压强下的密度该是多大,物理学家还未能提出一个良好的理论。换句话说,我们还不能很好地计算出在这些情况下物质的性质。我们对地球的了解远远比不上我们对恒星内物质状态的了解。这里涉及的数学今天看来似乎有点过于复杂,但是也许不会太久,就会有人认识到这是一个重要问题,并且真正解出它。另一方面,当然,即使我们知道了密度,我们也不能算出环流,也不能真正得知岩石在高压下的性质。我们无法得知岩石以多快的速度熔化;这些统统得由实验给出。

3-6　心理学

下一步,我们考虑心理学。顺便说一句,精神分析并不是一门科学:它充其量是一个医疗过程,也许更像是巫医。它有一个关于病因的理论 —— 有多种不同的"精灵"等。巫医有一个理论:一种疾病如疟疾是由一个进入空气的精灵引起的;但是他们治疗疟疾的方法并不是把一条蛇在患者头上摇动,而是奎宁。因此,如果你生病了,我会劝你去看巫医,因为他是部落里掌握疾病的知识最多的人;但是,他的知识不是科学。精神分析并没有用实验仔细检验过,无法给出一张清单,在多少例中它有效,多少例它无效,等等。

心理学的其他一些分支则没有这么有趣，这包括关于感觉的生理 64
学 —— 眼睛里发生什么情况，大脑里发生什么情况等。但是对这些题
目的研究却得到一些微小但却实在的进展。一个最有趣的技术问题可
以叫做心理学，也可以不叫做心理学。关于心灵（或者神经系统，如果
你愿意的话）的中心问题是：当一个动物学会了做什么事之后，它就能
够做它以前不会做的这些事，因此它的脑细胞一定也有变化，如果脑
细胞是由原子构成的话。它在什么方面变得不同了？当什么东西被记住
之后，我们不知道该到哪儿去找这种不同，也不知道该找什么东西的
不同。当学会一件事后，我们不知道"学会"究竟意味着什么，不知道
神经系统里发生了什么变化。这是一个非常重要的问题，还完全没有
得到解决。假设存在着某种记忆体，大脑就是这么一个有大量互相交
连的接线和神经的物体，它大概是不能用一种简单直接的方式分析的。
它同计算机及计算单元有相似之处，它们都有大量的布线，它们有某
种元件同突触或神经元接点相似。思维和计算机之间的关系是一个很
有趣的题目，不过我们没有时间进一步讨论了。当然，必须了解，这个
题目在有关通常人类行为的真实复杂性上能告诉我们的不多。各个人
之间是如此不同，要了解人类的行为还需要很长的时间。我们必须从
后方很远的地方出发。哪怕我们能够懂得一只狗的心理活动，那就是
一个够了不起的成就了。狗是比较容易了解的，但是还没有人懂得狗
的心理活动。

3-7 它是怎么变成这个样子的

为了使物理学不仅在仪器发明方面，而且在理论方面对别的学科
有帮助，该学科必须向物理学家提供用物理学家的语言对其研究对象

65　的描述。他们可能会问："为什么青蛙会跳?"物理学家回答不了这个问题。如果他们告诉他青蛙是什么,有许多许多分子,这里有一条神经,等等,那就不一样了。如果他们或多或少告诉我们,地球或星星是什么样子,我们就能够把它们摹想出来。为了使物理学理论起作用,我们必须知道原子的位置。为了了解化学,我们必须精确知道在该问题中有哪些原子出现,否则就无法分析这个问题。当然,这只是一个方面的限制。

　　在姐妹学科中,有另一种问题,这个问题在物理学中是不存在的。由于缺乏一个更好的术语,我们可以称之为历史问题:它是怎样变成这个样子的?如果我们了解全部生物学,我们就会想知道,地球上所有的生物是怎么来的。我们有进化论,它是生物学的一个重要部分。在地质学中,我们不仅想知道山脉怎么正在生成,还想知道这个地球最初是怎么形成的,太阳系的起源,等等。当然,这就会使我们想要知道宇宙中曾有过哪种物质。星星是怎样演化的?初始状态如何?这是天体的历史问题。关于恒星的形成,关于构成我们身体的元素的形成,今天我们已经知道不少,甚至还知道一点关于宇宙起源的知识。

　　在物理学中目前不研究历史问题。我们没有这样的问题:"这些物理学定律是怎样变成这个样子的?"在目前,我们不想象,物理学定律会以某种方式随时间变化,物理学定律在过去和现在有什么不同。当然也不排除有这个可能,一旦发现物理学定律真的随时间变化,物理学的历史问题就将与宇宙的历史的其他问题交织在一起,而物理学家就将谈论天文学家、地质学家和生物学家同样的问题。

66　　　最后,在许多领域中存在一个共同的物理学问题,这是一个非常古老而又未曾解决的问题。它不是寻找新的基本粒子的问题，而是很久以前留下来的问题，已经有100多年了。尽管它对姐妹学科非常重要，在物理学中还没有人真正能够在数学上对它进行分析。那就是对湍流的分析。如果我们观察一颗恒星的演化，就会发现会有这么一个时刻到来，我们可以推断在此时刻将开始发生对流，但在此后我们就再也不能推断将发生什么事了。几百万年后这颗恒星发生爆炸，但是我们不能说出其原因。我们不能分析天气。我们不知道地球内部的运动图样。这个问题的最简单形式是取一根很长的管子，使水以高速通过它。我们问：使一定量的水通过这根管子，要加多大的压力？没有人能够从基本原理和水的性质出发来分析这个问题。如果水流得很慢，或者我们用很稠的黏性物质比如蜂蜜，我们可以很好地解决这个问题，这在你们的教科书上就有。我们不能处理的是实际的水流过管子的问题。这是一个有一天终将解决的中心问题，但是现在尚未解决。

　　一个诗人曾说过："这个宇宙就在一杯葡萄酒中。"我们大概永远不会知道他是在什么意义上说这句话的，因为诗人写诗不是让人去读懂的。但是如果我们足够细致地观看一杯葡萄酒，我们的确看到这个宇宙。这里有物理学的东西：涡动的液体，它的蒸发依赖于风和天气，玻璃上的反射，我们想象的原子。玻璃是地上岩石的提纯物，在它的成分中我们看到了宇宙年龄和恒星演化的奥秘。葡萄酒中的种种化合物有怎样奇特的排列？这些化合物是怎样产生的？这里有种种酵素、酶、基质和它们的生成物。在葡萄酒中发现了伟大的结论：整个生命就是发酵。所有研究葡萄酒的化学的人都会像巴斯德那样，发现许多疾病的原因。红葡萄酒多么鲜艳！把它深深铭刻在你脑海中吧！如果我们微弱的心智为了某种便利，把这杯葡萄酒——这个宇宙分为几部分：物理学、生物学、地质学、天文学、心理学等，那么让我们记住，大自然并

67

不知道这种分法。所以让我们把所有这些都放回到一起，别忘记这杯酒最终的用途。让它最后再给我们一次欢乐：干杯，忘了它！

第4章

能量守恒

4-1 什么是能量

在结束我们对事物的一般性描述之后，从这一章开始，我们来更详 69
细地研究物理学各个不同的方面。为了说明理论物理学中会用到的概
念和推理方式，我们现在来考察物理学的最基本的定律之一 —— 能量
守恒定律。

有一个事实（如果你愿意，也可以说一条定律）支配着迄今我们知
道的一切自然现象。还没有发现这条定律有任何例外 —— 就我们所知
它是绝对精确的。它叫做能量守恒定律。这条定律说，在自然界发生的
多种多样的变化中，有一个量（我们管它叫能量）是不变的。这是一个
极抽象的概念，因为它是一个数学原理；它说的是有一个数量，它在某
件事情发生时保持不变。它不是对一种机制或任何具体东西的描述；它
只是一件奇怪的事实：我们可以计算某个数值，当我们看完大自然玩过
一场魔术后，再来计算这个数量，两次结果相同。（有点像象棋盘红格
子上的象，不论走了多少步 —— 具体步数不详 —— 它仍在红格子上。
能量守恒定律就是一条这种性质的定律。）由于它是一个抽象概念，我 70
们将用一个类比来说明它的意义。

想象有个孩子，我们就叫他淘气鬼丹尼斯吧，他有一堆积木，这些
积木绝对不会损坏，也不能分成更小的小块。每一块积木都和别的积
木相同。我们假设他有28块积木。每天早上，他妈妈把他连同他的28
块积木一起留在一个房间里。到了晚上，他妈妈出于好奇，仔细地对积
木进行了点数，于是发现了一条唯象定律：不论丹尼斯怎样玩积木，积
木数目总还是28块！这种情况持续了若干天，直到有一天，积木只有
27块了，但是稍做寻找，她就发现地毯下面还有一块 —— 她必须到处

都看看才能确认积木数目没有变化。可是，有一天，积木数目看来是变了——只有26块了。仔细调查表明，窗户开了，向外一看，两块积木就在那儿。另一天，仔细数过之后表明，共有30块积木！这使她相当惊愕，后来才知道，布鲁斯曾带着他的积木来玩过，走的时候留下几块在丹尼斯的房间。她拿走了额外的积木，关上窗户，并且不让布鲁斯进来，此后一切都很正常。然而有一次，她点数之后，发现只有25块积木。但是，房间里有一个玩具箱，妈妈走过去要打开箱子，可是孩子尖叫着，说"不，别动我的玩具箱"，不让妈妈打开箱子。妈妈十分好奇，也比较有心眼，她想出了一个主意！她知道，每块积木的质量为80克，以前她看见积木有28块时曾称过玩具箱的质量为450克。这一次她想核对一下，于是就再次称了箱子的质量，减去450克，再除以80克。她发现：

71

看见的积木数 ＋（箱子质量－450克）/80克 ＝ 常数　　　　（4.1）

后来似乎又出现了新的偏差，但是仔细的研究表明，浴缸里的脏水的高度变了。孩子把积木扔到了水里，可是因为水太脏她看不见它们，但是她能求出有多少块积木在水里，这只要在她的公式里加上一项。由于原来的水面高15厘米并且每块积木使水面升高0.6厘米，新公式是

看见的积木数 ＋（箱子质量－450克）/80克 ＋
（水面高度－15厘米）/0.6厘米 ＝ 常数。　　　　　　　　（4.2）

于是，在她的这个越来越复杂的世界里，她发现了一系列用来计算有多少块积木藏在不让她看的地方的项。结果她得到一个复杂公式，

得到一个可计算的量，不论孩子怎么玩，这个量永远不变。

这同能量守恒有什么相似之处呢？必须从这幅图景中抽掉的最显著的一点是，根本就没有积木。从（4.1）式和（4.2）式中拿掉第一项，我们发现自己是在做有些抽象的计算。相似的有以下几点：第一，在我们计算能量时，有时它的一部分离开系统跑出来，有时又有一些跑进去。为了验证能量守恒，我们必须注意不把任何能量放进去或取出来。第二，能量有多种不同的形式，每种形式有一个表示能量的公式。这些形式是：引力能、动能、热能、弹性能、电能、化学能、辐射能、核能、质能。如果我们把每种贡献的公式加在一起，它的总量就不会变化，除非有能量进出。

重要的是要认识到，在今天的物理学中，我们并不知道能量究竟是什么。我们并没有一幅图像，把能量摹想为有确定大小的小团。它不是那样的。但是，有一些计算某个数量的公式，当我们把它全都加在一起，就给出"28"——总是相同的数目。这是一个抽象的东西，它并不告诉我们各个公式的机制或原因。

72

4-2 重力势能

只有在有了各种形式的能量的公式之后，我们才能理解能量守恒。我想在这里讨论重力（地球表面附近的引力）势能的公式，我不想用历史上常用的那种方法来推导这个公式，而是用另一种方式，这种方式是专门为这次课设计的一条推理思路，为的是向你表明一件值得注意的事：从不多的事实出发加上严密的推理，就可以得出关于大自然的

许多知识。它表明了理论物理学家所从事的工作的特性。这个推理方
法仿效了卡诺讨论蒸汽机效率所用的非常漂亮的论证方法。[1]

　　考虑一台起重机——一种通过降低一个物体来举高另一个物体的
机械。让我们还做一个假设：这种机械中没有永恒运动这一类事情发
生。（事实上，根本不存在永动机正是能量守恒定律的一个普遍表述。）
对永恒运动的定义必须小心。我们先对起重机来定义什么是永恒运动。
如果我们在抬高和降低了许多重物并使机器回复到原来的状态后，发
现净效果是升高了一个重物，那么我们就有了一台永动机，因为我们
可以用被升高的重物来做别的事。也就是说，倘若升高重物后机器精
确地回到它原来的状态，而且它是完全自给的——即它未曾从外界接
受能量（像布鲁斯的积木）来升高这个重物。

73　　　　一种非常简单的起重机如图4-1所示。这台起重机能升起三倍重
的重物。我们把三个单位的重量放在一个秤盘里，在另一个秤盘里放
一个单位重量。不过，为了使它实际工作起来，我们得从左边的盘里挪
走一点重量。反之，如果我们从右边的盘里取出一点重量，我们也可以
靠降低三个单位重量来升高一个单位重量。当然我们知道，对于任何
实际的起重机，都必须加一点额外的作用才能使它运作。我们暂且不
考虑这一点。理想的机器不需要任何额外的作用，虽然它们在实际中
不存在。我们实际使用的机器在某个意义上可以几乎是可逆的：即，如
果它会靠降低一个单位重量来升高三个单位重量，那么它也会靠降低
三个单位重量来将近似一个单位重量升高到原来的高度。

---

1. 我们在这里重视的并不是最后得到的结果（4.3）式，事实上，这个结果你们可能已经知
道了，而是通过理论推理得出这个式子的可能性。——原注

图4-1 简单的起重机械

我们想象存在着两种不同的机器：一种是不可逆的，它包括一切实际的机器；另一种是可逆的，这当然是实际上做不到的，不论我们怎样细心地设计轴承、杠杆等。不过，我们还是假设有这样一台可逆的机器存在，它使一个单位重量（1牛顿或任何别的单位）降低一个单位距离，同时使三个单位重量升高。把这台可逆的机器叫做机器A。假设这台特别的可逆机把三个单位的重量升高一段距离x。再假设我们有另一台机器B，它不一定是可逆的，它也把一个单位重量降低一个单位距离，但是它使三个单位的重量升高的距离是y。我们现在可以证明y不大于x；这就是说，不可能建造一台机器，它能把重物提升到一个比可逆机所能提升到的更高的高度。我们来看为什么。假设y大于x。我们取一个单位重量，用机器B把这一个单位重量降低一个单位高度，这使三个单位重量升高一个距离y。然后我们可以把这个重量从y降到x，获得了白给的能力，并用可逆机A逆向运转，把三个单位重量降低距离x，同时使一个单位重量升高一个单位高度。这样就把一个单位重量送回它原来的位置，而使两台机器再次处于初始的备用状态！因此如果y大于x，我们就会有永动机了，而我们已假定这是不可能的。只要假定永动机不可能，我们就推导出y不会高于x，因此在一切可以设计出来的机器中，可逆机是最好的。

我们还可以看到，一切可逆机必定把重物升高到刚好相同的高度。假设B也是一台可逆机。当然，y不高于x的论证现在也和以前一样成

74

立,但是现在我们也可以把论证的方向反过来,使用次序倒过来的机制以证明 x 不高于 y。这个做法很值得注意,因为它允许我们分析不同的机器把某个东西升高的高度,而不必考察其内部机制。我们立刻就知道:如果某人制造了一组极其精巧的杠杆,靠把一个单位的重量降低一个单位距离以把三个单位的重量提高一段距离,把它和一个做同样工作的基本上可逆的简单杠杆相比较,这个人的机器并不会把重物升得更高,也许还低一些。如果他的机器是可逆的,我们也精确知道它会把重物升多高。总结一下:每一台可逆机,不论它如何运作,它将质量为 1 kg 的东西降低 1 米以升高质量为 3 kg 的重物,总是把质量为 3 kg 重物升高到同一距离 x。显然这是一条很有用的普遍定律。下一个问题当然是, x 是多少?

假设我们有一台可逆机,它将要在 3 对 1 的情况下升高一个距离 x。我们把 3 个篮球放在一个固定不动的多层货架上,如图 4 - 2 所示(每个图的最右边)。另一个篮球放在比地面高 1 米的平台上。这台机器可以靠把一个球降低 1 米来升高 3 个球。现在我们这样安排:准备装 3 个球的升降台(紧紧贴在固定货架的左边)有一层底板和两层架子,其间隔刚好是 x,而且装着球的固定货架的间隔也是 x(图(a))。首先我们把球从固定货架上水平地滚到升降台的架子上(图(b)),我们假设这不用花费能量,因为并没有改变球的高度。然后可逆机开始运作:它把单个球降到地板上,这使升降台升高一个高度 x(图(c))。既然我们对架子做了巧妙的安排,因此这些球再次和货架的格子相平。于是我们把球再卸到货架上来(图(d));把球卸下之后,我们就可以设法把机器恢复到初始状态了。现在我们有 3 个球在上面三层货架上,有 1 个球在地板上。但是奇妙的是,从另一个观点看,我们根本没有升高其中的两个球,因为毕竟第二层架子和第三层架子上原来就有球。最终的净效

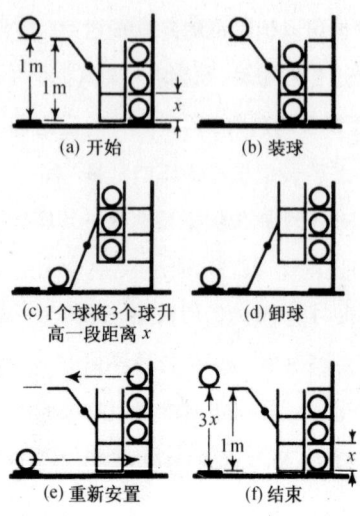

图4-2 一台可逆机

果是把一个球升高了一个距离3x。现在，如果3x超过1米，我们就可以降低这个球以使机器回到初始状态（图(f)），而让机器再度运行了。因此3x不能超过1米，因为如果3x超过1米，我们就可以实现永动机。同样，我们可以证明1米不能超过3x，这只要使整个机器反向运转就行了，因为它是一台可逆机。因此3x既不大于也不小于1米，于是我们只通过论证就发现了定律x＝1/3米。显然它可以推广为以下这样：质量为1kg的重物下降一段距离以运转一台可逆机，那么这台机器将把质量为$p$kg的重物升高上述距离的p分之一。表示这个结果的另一种说法是，3kg乘以升高的高度（在我们的问题中是x）等于1kg乘以下降的高度（在我们的问题中是1米）。如果我们取所有的重量，将它们乘以它们现在高出地板的高度求和，然后让机器运转，再把所有的重量乘以其高度求和，得到的前后结果不会有变化。（这个例子里我们只使一个重物升高。我们必须把它推广为我们使一个重物下降时能使几个不同的重物升高的情形，但这不难。）

　　我们把重量乘高度之和叫做重力势能 —— 一个物体由于它相对于地球的空间关系而拥有的能量。于是，只要我们离地球不太远（位置很高时重力会变弱），重力势能的公式是

$$\text{一个物体的重力势能} = \text{重量} \times \text{高度} \qquad (4.3)$$

这条推理思路非常优美。惟一的问题是，也许它不是真实的（毕竟大自然的行为并不是非得遵照我们的思路不可）。例如，也许永动机实际上是可能的呢?!某些前提假设可能是错的，或者我们在推理过程中可能犯错误，因此检验总是必需的。事实上，实验证明它是对的。

　　如果一个物体的能量同它相对于别的物体的位置有关，这种能量的一般名称就叫做势能。当然，在我们这种涉及重力的情况下，我们管它叫重力势能。如果在问题中我们是克服电力而不是克服重力做功，如果我们是用许多杠杆来"举起"电荷使它离开别的电荷，那里包含的能量就叫做电势能。普遍的原则是，这种能量的变化是力乘上这个力推过的距离，而且这也是一般的能量变化：

$$\text{能量的变化} = \text{力} \times \text{这个力作用下所经过的距离} \qquad (4.4)$$

随着课程的进展，我们将遇到别的种种势能。

　　能量守恒原理在许多情况下对于推断会发生什么事是非常有用的。在中学里我们学过许多关于不同用途的滑轮和杠杆的定律，我们现在会看出所有这些"定律"都是一回事，因此就用不着死背75条规则来解决一道问题了。一个简单例子是图4-3所示的光滑斜面，很巧，它是

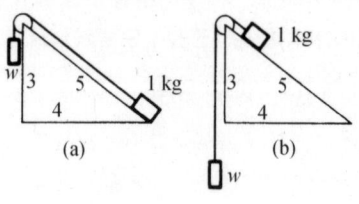

图4-3 斜面

一个边长为3、4、5的三角形。我们把质量为1kg的重物用一个滑轮挂在斜面上，滑轮的另一面是一个质量为W的重物。我们想要知道W必须是多大才能和斜面上质量为1kg的重物平衡。怎么解这个问题呢？如果它们刚好平衡，那就是可逆的，可上可下，我们可以考虑下述情况。初始时（图(a)）质量为1kg的重物在斜面底部而W在顶端。当W以可逆的方式落下去后，情况变为1kg重物在顶端而W则从原先的位置往下落了斜面长度的距离（图(b)），或5米。1kg的物体只升高了3米而W则下降了5米。因此W＝3/5 kg。注意我们是从能量守恒推出这个结果来的，而不是从力的分解。但是，强中更有强中手，我们还可以用一个更高明的方法来推出这个结果，这个方法是荷兰数学家斯蒂文发现的，刻在他的墓碑上。图4-4说明这个重物必须是3/5 kg，因为这

78

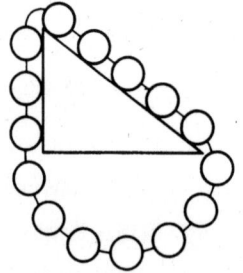

图4-4 斯蒂文的墓志铭

条由圆球组成的链子不转动。很明显链条的下部自己和自己平衡，因此一边的 5 个圆球的拉力必须和另一边的 3 个圆球的拉力相平衡，或按照三角形上面两条边的边长之比。你看，一瞧这个图，就知道 W 必须是 3/5 kg。(如果在你的墓碑上有一个像这样的墓志铭，你准干得不错。)

79　　　　现在我们用一个更复杂的问题，图 4-5 所示的螺旋千顶斤顶，来说明能量守恒原理。用一根半米长的扳手来扳动螺旋，螺旋的螺纹每厘米 4 圈。为了顶起 1 吨的重物，问扳手上要用多大的力？如果我们要把这个 1 吨的重物顶起比方说 1 厘米，我们必须把扳手扳 4 圈。它转一圈所走的路程大约是 3.15 米。于是扳手一共得走 12.6 米，这样我们求出扳手上要用的力是 0.8 千克力左右。这是能量守恒的结果。用一些滑轮之类的东西，我们就可以用一个质量为 0.8 kg 的小重物把力加到扳手端点上把 1 吨的重物顶起来。

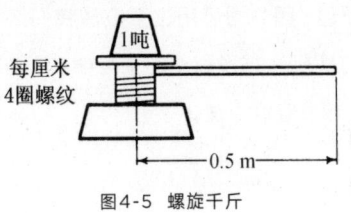

图 4-5　螺旋千斤

现在看一个更复杂一些的例子，如图 4-6 所示。一根棍子，长 2 米，一端支起来。在棍子中点有一个质量为 30 kg 的重物，在离支撑点半米处有一个质量为 50 kg 的重物。忽略棍子本身的重量，要使棍子平衡，我们在棍子的另一端要加多大的提举力？如果我们在棍端处加一滑轮，在滑轮上挂一重物。这个重物 W 得是多大才能平衡？我们想象这个重物下落一段任意距离——为了我们自己方便，假设它下降 4 厘米。两个负载重物升高多少？中点上升 2 厘米，而离固定支撑点四分之一棍

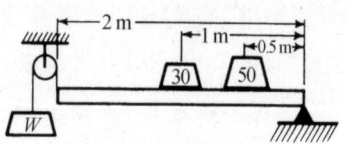

图4-6 一端吊起来的荷重杆

长处的点则上升1厘米。因此，高度乘重量之和不变的原理告诉我们，质量 W 乘4厘米向下，加30千克乘2厘米向上，加50千克乘1厘米向上，其和必须为零：

$$-4W + 2 \times 30 + 1 \times 50 = 0, \ W = 27.5 \ \text{kg}。 \qquad (4.5)$$

于是我们必须用一个质量为27.5千克的重物使棍子平衡。用这种方法，我们就得出"平衡"的定律——复杂的桥梁结构等的静力学。这种方法叫做虚功原理，因为为了用这个方法我们必须设想系统有一个小移动——尽管它实际上并没有移动甚至根本不能移动。我们用很小的假想运动以运用能量守恒原理。

80

4-3 动能

为了说明另一种形式的能量，我们考虑一个单摆（图4-7）。如果我们把摆拉向一边再放开，它就来回摆动。在这种运动中，从任何一个端点摆向中心时它的高度都降低。势能到哪儿去了？当摆在底部最低位置时重力势能会消失；但是，摆会再次爬上去。可见，重力势能一定变成了另一种能量形式。显然，摆是依靠它的运动才能再次爬上去的，因此在摆到达最低点时重力势能转变为某种别的形式了。

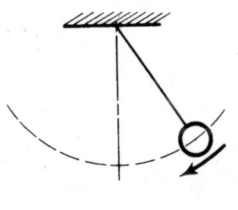

图4-7　摆

　　我们必须得出运动能量的一个公式。回忆我们对可逆机的论证，容易看出，摆在底部的运动必定拥有一定量的能量，是它允许摆上升一定的高度，它与摆升高的机制和路程无关。因此我们有一个这两种能量之间的等当公式，它同我们前面对孩子的积木写出的公式有点相像。我们有另一个表示能量的形式，不难得出这个形式。摆在底部的动能等于重量乘摆在其速度下能到达的高度，动能＝$W \times h$。现在需要的是根据某个规则得出这个高度（它必定与物体的运动有关）的公式。如果我们以某个速度使一物体开始运动，比方说垂直上抛，它将到达一定的高度；我们还不知道这个高度是多少，但是它必定依赖于速度，它们之间有一个公式。于是为了求出一个以速率 v 运动的物体的动能的公式，我们必须算出它能到达的高度，再乘以物体的重量。我们下面不久就会发现，动能的公式可以写成

$$动能 = WV^2/2g。 \qquad (4.6)$$

　　当然，运动具有能量这一点同我们是在一个重力场中并无关系。它同运动是怎样产生的无关。这是一个适用于各种速度的普遍公式。（4.3）式和（4.6）式都是近似公式：前一公式在高度很大时不正确，因为高度很高时重力减弱；后一公式则在速度高时有相对论性修正。

但是，当我们最后得到能量的精确公式时，能量守恒定律仍是正确的。

4-4 能量的其他形式

我们可以继续用这个办法说明能量还以其他的形式存在。首先考虑弹性能。如果我们把一根弹簧往下拉，我们必须做一些功，因为我们把它拉下来之后，就可以用它将重物拉到高处去。因此弹簧在被拉伸的状态下具有做功的本领。如果这时我们来计算重量乘高度之和，是不能验证它们不变的——我们必须加进一些别的项以考虑弹簧是处于紧张状态的事实。弹性能就是弹簧处于被拉伸状态的能量。它有多大？如果我们放开它，在弹簧经过平衡点时，弹性能就变换为动能，能量在弹簧的压缩和伸长与运动的动能之间来回变换。（这里也有一些重力势能进出，不过只要我们愿意，我们可以让弹簧平躺着做实验。）它一直这样往复振动，直到能量损失——啊！我们前面一直在玩一个小花招，说什么加一个微小的重量使物体动起来，或者机器是可逆的，或它们永远运动下去等，但是我们能够看到，这些东西最终都要停下来。当弹簧不再上下振动时，能量到哪里去了呢？这就引入了能量的另一种形式：热能。

在弹簧和杠杆内部有由大量原子组成的晶体。你可以试着以极度的细心和技巧安排各种部件来进行调整，使得当一个东西在另一个东西上滚动时，原子不做任何晃动。但是这必须非常、非常细心。通常当一个东西滚动时，由于材料的不规则性，都会发生撞击和跳动，原子就开始在内部乱动。于是那部分能量就失踪了；我们发现在运动慢下来以后原子在内部以随机和混乱的方式乱动。不错，这时仍然有动能，但是它不是和看得见的运动相联系。似乎全是些梦话！我们怎么知道这时还有动能？原来，用温度计你可以发现，弹簧或杠杆事实上比以前更热了，这确实表明动能有一定数量的增加。我们把这种形式的能量叫做热能，不过我们知道其实它并不是一种新形式，它就是动能——内部运动的动能。（我们在大尺度上对物质所做的一切实验都有一个困难，即不能真正演示能量守恒，不能实际做出可逆机，因为我们每次使一大块材料运动，原子都不会绝对不受扰动，因此总会有一定数量的无规运动进入原子系统。我们看不见它，但是我们可以用温度计等测出它。）

能量还有许多别的形式，当然，眼下还不能对它们做更详细的描述。这包括电能，它同电荷的排斥和吸引有关。还有辐射能，光的能量，我们知道它是电能的一个形式，因为光可以表示为电磁场的振动。还有化学能，化学反应中释放出的能量。化学能是物质中原子相互吸引的能量，弹性能也是如此，因此，弹性能实际上在某些方面和化学能相像。现在的理解是，化学能包括两部分，一是原子内部电子的动能，因此化学能的一部分是动能，其余的是电子和质子相互作用的电能，因此另一部分是电能。接下来该是核能了，与原子核内的粒子的安置有关的能量，我们有核能的公式，但是我们不掌握它的基本定律。我们知道它不是电能，不是引力能，也不单纯是化学能，但是我们不知道它究竟是什么。看来它是一种新的能量形式。最后，与相对论相联系，有一个对动能公式的修正（你也可以用你喜欢的任何别的说法来称呼它），使动能和另一个叫做质能的东西结合在一起。一个物体仅仅由于它存在就具有能量。如果有一个正电子和一个电子，静静地呆着什么也不做，不必考虑重力，不必考虑别的东西，然后它们走到一起就消失了，释放出一定量的辐射能，其数量是可以算出来的。我们需要知道的只是物体的质量。它与物体是什么无关——我们使两个粒子消失，而得到一定量的能量。它的公式是爱因斯坦首先发现的：$E = mc^2$。

从我们的讨论明显看出，能量守恒定律对我们分析问题是极其有用的，这在前面几个例子中已经表明了，在这些例子中用不着知道一切公式。如果我们已经有了各种能量的公式，我们就可以分析哪些过程会发生而不必深入探究细节。所以我们对守恒定律是非常感兴趣的。问题自然就来了：在物理学中还有哪些别的守恒定律？还有另外两条与能量守恒相似的守恒定律。一条叫做动量守恒，另一条叫做角动量守恒。后面对它们会有更多的讨论。归根结底，我们并没有对守恒定律有深刻的理解。我们不理解能量守恒。我们并不把能量理解为一定大小的小团。你可能听说过，光子是以小团的形式出现，一个光子的能量是普朗克常量乘频率。这是对的，但是由于光的频率可以是任意值，没有任何定律说能量必须是某个确定的大小。不像丹尼斯的积木，能量可以有任何量值，至少今天是这样理解的。因此目前我们并不把能量理解为对某种东西点数，而只是把它看作一个数学量，它是一个抽象和相当古怪的东西。在量子力学里，发现能量守恒原来和世界的另一个重要属性有十分紧密的联系，这个属性就是事物不依赖于绝对时间。我们可以在一个给定时刻安排做一个实验并且做完它，然后在晚些时候再做相同的实验，它们的结果将完全相同。这是否严格正确，我们还不知道。如果我们假定它正确，加上量子力学的一些原理，我们就可以导出能量守恒定律。这是一件相当微妙和有趣的事，不容易解释。别的守恒定律也与时空性质有联系。动量守恒在量子力学中是和下述命题相联系的：在什么地方做实验没有什么关系，结果总是相同。最后，就像空间无关性与动量守恒相联系、时间无关性与能量守恒相联系一样，如果我们转动实验仪器的方向，也不会造成实验结果的差别，世界对

84

85　角度取向的这种不变性与角动量守恒相联系。除了这几条守恒定律之外，还有另外三条守恒定律，迄今为止我们可以说它们是精确的。这三条守恒定律理解起来要简单得多，因为它们的本性属于数积木那一类。

　　这三条守恒定律的第一条是电荷守恒定律，它的意义只不过是，数一下有多少个正电荷和负电荷，将正电荷的数目减去负电荷的数目，结果的数字永远不变。你可以用一个负电荷抵消一个正电荷，但是你不能生成正电荷对负电荷的净余额。另外两条定律和这一条类似，其中一条叫做重子数守恒。有一些奇怪的粒子，例如中子和质子，它们叫做重子。在自然界的任何反应中，如果数一数有多少个重子进入一个过程，那么过程结束时的重子的数目[1]将相同。另一条守恒律是轻子数守恒。属于轻子的粒子是电子、μ子和中微子。还有一个电子的反粒子，即正电子，其轻子数为 -1。数一数参加一个反应的轻子的总数，表明反应开始前和结束后的数目不变，至少迄今所知是这样。

　　这就是六条守恒定律，其中三条是微妙的，涉及空间和时间，另外三条是简单的 —— 从它们只是对某种东西计数的意义上说。

　　关于能量守恒，应当指出的是，可用的能量是另一个问题 —— 海水的原子有大量的振动，因为海水有一定的温度，但是如果不从别的什么地方取得能量，就不能把它们聚集为一个确定方向的运动。这就是说，虽然我们知道能量是守恒的，但是人类可以利用的能量却不是那么容易保存。确定有多少能量可供利用的定律叫做热力学定律，它们包括一个关于不可逆热力学过程的概念，叫做熵。

---

1. 反重子的重子数为 -1。——原注

最后，我们说一说今天我们可以从哪里获得能量供应的问题。我   86
们的能量来源是太阳、雨水、煤、铀和氢。雨水是太阳造成的，煤也是，
因此所有这些都来自太阳。虽然能量是守恒的，但是大自然似乎对节
约能量并不感兴趣；她从太阳释放出大量的能量，但是其中只有二十
亿分之一落到地球上。大自然有能量守恒，但是并不真正在乎它；她向
四面八方散发着巨大数量的能量。我们已经从铀获得了能量；我们也
可以从氢得到能量，不过现在还只是在爆炸和危险的条件下。如果它
可以在热核反应中受到控制，那么可以证明，每秒从大约10升水中得
到的能量就等于整个美国的发电功率，也就是说，每分钟用600升水，
就有了足够的燃料来供应今天美国所用的全部电能！因此，该由物理学
家想办法，把我们从对能量的需要中解放出来。这是可以做到的。

第 5 章

万有引力理论

5-1 行星运动

在这一章里我们将讨论人类心智做出的最深远的推广之一。在赞美人类心智的同时，我们应该抽点时间对大自然顶礼膜拜，表示我们对她的肃然敬畏，因为她能如此彻底而且普遍地遵从像引力定律这样一个简洁优美的原理。引力定律是什么？它说，宇宙中每个物体都吸引每一个别的物体，任何两个物体之间的引力正比于每个物体的质量，反比于它们之间距离的平方。这句话在数学上可以表示为下面的式子：

$$F=Gmm'/r^2 。$$

在这个定律的基础上再加上下述事实，即一个物体在一个力的作用下会在力的方向上得到加速，加速度的大小反比于该物体的质量，那就万事俱备了，一个天分够高的数学家就能够演绎出这两条原理的全部结论。但是，既然我并不假定你有这样高的天分，我们将较详细地讨论这些结论，而不只是留给你两条空洞的原理。我们将简短地叙述发现引力定律的故事，讨论它的某些结论，它在历史上的作用，这样一条定律遗留下来的未解之谜，以及爱因斯坦对这一定律的一些改进；我们还要讨论这条定律与其他物理定律的关系。所有这些在一章里是说不完的，但是这些题目会在恰当的时候在随后各章里讨论。

整个故事从古人观察行星在恒星之间的穿行、并最后推断出行星是围绕太阳运行（哥白尼后来又重新发现了这个事实）开始。行星究竟是怎样环绕太阳运行，究竟是以什么样的运动环绕太阳运行，那还需要做更多的工作。15世纪初，就行星是否真正环绕太阳运行，曾有过激烈的争论。第谷·布拉赫(Tycho Brache)有一个不同于古人提出的任何观点的想法：这些关于行星运动本性的争论，只有在足够精确地测量出行星在天空的实际位置后，才能最好地解决。只有当测量精确地显示出行星是怎样运动之后，才有可能建立这个或那个观点。这是一个非同小可的想法——为了发现某种东西，去做一些细致的实验要比引用深刻的哲学论据强。在这个想法指引下，第谷·布拉赫在他位于哥本哈根附近汶岛上的天文台里多年观察行星的位置。他编制了卷帙浩繁的星表，在第谷去世后，数学家开普勒研究了这些星表。开普勒从这些数据发现了几条非常漂亮、卓越而又简单的关于行星运动的定律。

5-2 开普勒定律

91　　开普勒首先发现，每个行星是沿一条叫做椭圆的曲线环绕太阳运行的，太阳是这个椭圆的一个焦点。一个椭圆并不仅仅是个卵形的东西，而是一条非常明确而精密的曲线，可以用两个摁钉（每个焦点上各摁一个）、一条线和一支铅笔画出来；用更数学的话来说，椭圆是与两个固定点（焦点）的距离之和为常数的所有的点的轨迹。或者，如果你愿意的话，也可以说它是一个压扁的圆（图5-1）。

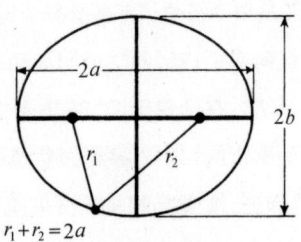

图5-1 椭圆

　　开普勒第二个观察结果是，行星不是以均匀的速率环绕太阳运行，它们离太阳越近，就运动得越快，离太阳越远，就运动得越慢，精确地说是这样：在任何相继的两个时刻，比方说相隔一星期，观察一颗行星，并且对每个观测位置画出到行星的径矢[1]。行星在这个星期里所经过的轨道上的一段弧与两条径矢围出一块平面面积，即图5-2中涂阴影的区域。如果在离太阳更远的那一部分轨道上（那里行星运行得更慢）也进行两次类似的相隔一星期的观测，那么用类似方法围出来的面积与前一观测中围出的面积完全相同。因此，按照开普勒第二定律，每个行星的轨道速度使径矢在相等的时间里扫过相等的面积。

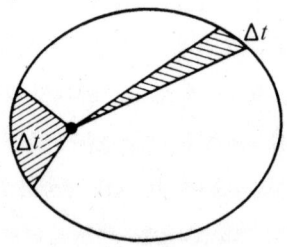

图5-2　开普勒面积定律

　　开普勒第三定律发现得要晚得多；这条定律和前两条属于不同的类型，因为它不只是涉及单个行星，而是把各个行星的运动联系起来。这条定律说，在比较任何两个行星的轨道周期和轨道大小时，周期正比于轨道大小的3/2次方。在这句话里，周期是指行星绕其轨道走完整整一圈的时间间隔，而轨道大小则是椭圆轨道的最大直径（更专门的术语叫长轴）。更简单些，如果行星是按圆形轨道运行（它们近似就

92

---

1. 径矢是从太阳到行星轨道上任意一点的直线。——原注

是这样的），那么绕圆周走一圈所需的时间同直径（或半径）的 3／2 次方成正比。于是开普勒的三条定律是：

　　1. 每个行星沿一条椭圆轨道绕太阳运行，太阳是椭圆的一个焦点。

　　2. 从太阳到行星的径矢在相等的时间间隔里扫过相等的面积。

　　3. 任何两个行星的周期的平方正比于它们各自的轨道的半长轴的立方：$T \sim a^{3／2}$。

5 - 3　动力学的发展

　　当开普勒发现这些定律时，伽利略正在研究运动定律。问题是，是什么使行星绕太阳运转？（当时有一个理论是，行星绕太阳运转是因为后面有看不见的天使在推它们，他们扑动着翅膀推着行星前进。你将看到，这个理论现在有一些修正，人们发现，为了使行星转圈儿，看不见的天使必须向一个不同的方向飞，而且他们没有翅膀。在其他方面，新理论倒是与原来的理论多少有些相似！）伽利略发现了一个有关运动的非常值得注意的事实，它对理解开普勒的诸定律是必不可少的，那就是惯性原理——如果有个东西在运动，不和别的东西接触并且完全不受干扰，它就将以匀速沿直线永远这样运动下去。（为什么它保持直线匀速运动？我们不知道，但它就是这样。）

　　牛顿进一步明确了这个想法，他说改变物体运动的惟一方法是施之以力。如果物体运动得越来越快，就一定有一个力施加在运动方向上。另一方面，如果物体的运动改变到一个新的方向，那它就受到了一个侧向力的作用。于是牛顿就加进来一个观念：要改变物体运动的速率或方向，就需要一个力。例如，把一块石头拴在绳子上，让它做圆周

运动，就需要有一个力把它保持在圆周上。我们必须拉住绳子。事实
上，运动定律是，力产生的加速度与质量成反比，或力正比于质量乘加
速度。一个东西的质量越大，为了产生一个给定的加速度，所需要的力
越大。(质量可以这样测量：把不同的石头系在同一条绳子的末端，使
它们以同样的速度做同样大小的圆周运动。这时会发现，所需要的力
的大小不同，质量大的物体所需要的力也大。) 从这些考虑得出的一个
高明见解是，为了将一颗行星保持在它的轨道上，并不需要一个切向
力(天使并非一定要在切向飞行)，因为行星在这个方向上会做惯性运
动。如果根本没有东西打搅它，行星会沿着切线方向的直线飞走。但是
实际运动是偏离这条如果没有力作用物体本应沿之运动的直线的，这
一偏离基本上与运动的方向垂直，而不是在运动的方向上。换句话说，
由于惯性原理，控制一颗行星环绕太阳运动所需的力不是一个环绕太
阳的力，而是一个向着太阳的力。(如果有一个力向着太阳，太阳理所
当然可能就是这个天使！)

5-4 牛顿引力定律

　　牛顿凭着他对运动理论的透彻理解，觉察到太阳可能是支配行星 94
的运动的力的起源和关键所在。他向自己证明(也许不久我们也将能
证明)，在相等的时间里扫过相等的面积这一事实，正是全部偏离都精
确地在径向这个命题的一个准确无误的标志，换句话说，面积定律是
所有的力都精确地指向太阳这一观念的直接结果。

　　然后，通过分析开普勒第三定律，能够证明，行星离太阳越远，所
受的力越弱。比较离太阳距离不同的两个行星，分析表明，它们所受的

力反比于各自离太阳的距离的平方。把这两条定律结合起来，牛顿就得出结论，必定存在这样一个力，它与距离的平方成反比，而方向沿着两个物体的连线。

牛顿是一个对事物中的普遍性有很强的感觉的人，他当然会假设，这个关系不只是适用于太阳拉住行星，而是可以更普遍地应用。例如，当时已经知道，木星也有多个卫星环绕着它转动，一如月亮环绕地球运行。牛顿认定，每个行星都用一个力拉住自己的卫星。他已经知道把我们拉在地球上的力，因此他提出，这是一个普遍存在的力 —— 每个物体都吸引任何一个别的物体。

95　　　下一个问题是，地球拉我们的力是否和它拉月球的力是"同一种"力，也就是说，是否与距离的平方成反比。如果地面上的一个物体，当它在静止状态下被放开时，在第一秒钟里往下掉 4.9 米，那么在同一时间里，月球下掉多少呢？我们也许会说月球根本不下掉。但是，如果没有对月球的拉力，它会沿直线飞走，但它并不飞走而是环绕地球做圆周运动，因此实际上它是从如果根本没有力作用时本应在的位置上往里掉了。从月球轨道的半径（它大约是 38 万千米）和它环绕地球转一圈的时间（大约 29 天），我们可以计算月球在其轨道上 1 秒钟走多远，然后可以算出它 1 秒下掉多少。[1]最后求出的这个距离大约是 1 秒钟 1/8 厘米。它和平方反比律符合得很好，因为地球的半径是 6400 千米，如果一个离地球中心 6400 千米的物体在第一秒钟里下掉 4.9 米，那么距离为 38 万千米，或 60 倍远地方的物体，只应当下掉 4.9 米的 1/3600，这大约就是 1/8 厘米。牛顿想用与此相似的计算来检验他的

---

1. 这就是月球轨道圆上的点比 1 秒钟之前月球所在的点的切线往下掉了多少。——原注

引力理论，他非常仔细地进行了计算，但是却发现差异很大，以致他认为这个理论与事实矛盾，因而没有发表他的结果。6年后，一次对地球大小的新测量表明，天文学家们以前所用的月地距离是错的。牛顿听说后，用正确的数据再次进行了计算，得到了非常符合一致的结果。

月球"往下掉"的观念会引起一些混乱，因为你看到，它丝毫没有和我们更靠近。这个观念很有意思，值得进一步解释。我们说的月球往下掉，是在这个意义上说的，那就是它从没有力作用时本应遵循的那条直线上掉出来。让我们举一个地面上的例子。一个在地球表面附近松开手的物体在第一秒钟里将下掉4.9米。一个水平射出的物体也将下降4.9米；尽管它在水平方向运动，它还是在相同的时间里下降相同的4.9米。图5-3是一台用来演示这一情况的仪器。在水平轨道上有一个小球，它将要被向前推一段小距离。在同一高度上有另一个小球，它将要垂直下落。有一个电开关控制它们，使得当第一个小球离开水平轨道的那一刻，第二个小球也松开往下掉。它们在同一个时刻到达同一个高度，这一点可以由人们亲眼看到两个球在半空中相撞而得到证明。像子弹这样的物体，水平射出时，1秒钟里可以走很长的路程——也许有600米——但它仍将下降4.9米，即使它是在水平   96

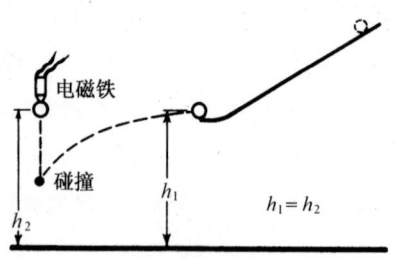

图5-3 演示垂直运动与水平运动互不相关的装置

方向上瞄准射出的。如果我们射出的子弹越来越快,会发生什么情况呢?别忘了地球的表面是弯曲的。如果我们射出的子弹足够快,那么当它下降4.9米时,也许正好是在地面之上它原来的高度上。怎么会这样呢?它仍然在下掉,但是因为地球也向下弯,因此它就"环绕着"地球往下掉。问题是,它在1秒钟里要走多远,才使地球也比地平线低4.9米?在图5-4中我们看到半径为6400千米的地球及其切线,如果没有外力的话子弹本应沿这条切线直线飞行。现在,我们应用几何学中的一条奇妙的定理:垂直于直径的半弦是它所分割的直径的两段的比例中项,我们看出,所走的水平距离是下落的高度4.9米和地球直径12800千米的比例中项。0.0049 × 12800的平方根很接近于8千米。于是我们看到,如果子弹的速率为每秒8千米,那么它就将以每秒4.9米的相同速率不停地向地球下落,但是永远不会更接近地球,因为地球也在不断地弯曲离开子弹。正是这个原因,使加加林以大约每秒8千米的速率把自己保持在太空中走了40000千米,环绕地球一圈。(实际上他走的路程更长一些,因为他飞行的高度比地面高一些。)

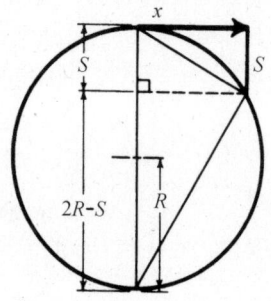

图5-4 圆周运动的向心加速度。由平面几何,$x/S = (2R-S)/x \approx 2R/x$,其中$R$是地球的半径,6400千米,$x$是每秒"水平通过"的距离;$S$是每秒"下落"的距离4.9米

　　任何对一条新定律的伟大发现，只有当它的"产出"大于我们对它的"投入"时，这个发现才是有用的。牛顿是用开普勒的第二和第三定律推出他的引力定律的，那么，他预言了一些什么呢？首先，他对月球运动的分析就是一个预言，因为它把地面上物体的下落同月球环绕地球的运动联系起来。其次，这个轨道是一个椭圆吗？我们在后面一章里将会看到，怎么能够精确地计算运动，并且的确能够证明它是一个椭圆，[1]因此就无须用额外的事实来解释开普勒第一定律了。于是牛顿做出了他第一个有力的预言。

　　引力定律解释了许多以前不理解的现象。例如月亮对地球的引力引起潮汐，这在那时还是一个谜。月亮把它下面的水拉起来并造成涨潮——这人们以前也曾想到过，但是他们没有牛顿聪明，因此他们以为每天应该只有一次涨潮。其理由是，月亮把它下方的水向上拉，造成一次潮涨和一次潮落，由于地球在月亮下面自转，就使一个地方的潮水每24个小时涨落一次。实际情况是潮水每12个小时涨落一次。另一个学派则主张，涨潮应当出现在地球的另一侧，他们的理由是，月亮把地球从水里拖出来！这两个理论都是错的。实际的机制是，月球对地球

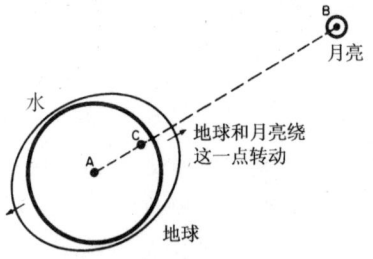

图5-5　引起潮汐现象的地-月系统

1.本课程中将不给出这个证明。——原注

和对水的引力在中心处"平衡"，但是更靠近月球的水受到的引力大于平均值，离月球更远的水受到的引力小于平均值。而且，水可以流动而更刚硬的地球则不能。真实的情况是这两件事的结合。

我们说的"平衡"是什么意思？什么东西平衡？如果月球把整个地球拉向它，为什么地球不干脆"向上"掉到月球上去？这是因为地球玩着和月球一样的魔术，它也在环绕一点转动，这一点在地球内部，但不在地心。并不是月球绕地球转动，而是地球和月球两个都在绕一个中心位置转动，每一个都在向这个共同的中心位置下落，如图 5 - 5 所示。这个环绕共同中心的运动是平衡掉每一个的下落的原因。因此地球并不是沿一直线运动，而是做圆周运动。地球上离月球远的一面的水没有得到平衡，因为月球的吸引力在那里比在地心处弱，在地心处，月球的吸引力刚好和"离心力"平衡。这一不平衡就使水上升，离开地心。在靠近月球的一面，月球的吸引力更强，不平衡是向着空间相反的方向，但仍然是离开地心。净结果就是每天有两次涨潮。

5-5　万有引力

当我们理解了引力以后，还能理解哪些别的东西呢？每个人都知道地球是圆的。为什么它是圆的？这很容易回答，它是引力的结果。我们能够理解地球是圆的，其原因仅仅是因为每个物体都吸引别的每个物体，因此地球尽可能把自己吸引在一起。如果我们更深入一步，那么地球并不是精确的球形，因为它在自转，这带来了离心效应，这个效应在赤道附近倾向于和重力抗衡。最终表明，地球应当是椭圆形的，我们甚至得到了这个椭圆的正确形状。于是，我们仅仅从引力定律，就能推出太阳、月亮和地球应当接近于球形。

　　用引力定律我们还能做些什么？如果我们看一看木星的"月亮"，我们就能了解有关它们围绕木星运行的一切情况。顺便说一下，曾经有过一个涉及木星"月亮"的困难，值得在此一提。罗默（Roemer）非常仔细地研究过这些卫星，他注意到这些"月亮"有时看来超前于预定的时刻出现，有时则落后于预定的时刻。（人们通过长期的观测并求出这些"月亮"环绕木星一圈各自平均所需的时间，就可以得出它们出现的时刻表。）当木星特别接近地球时，它们超前；当木星远离地球时，它们滞后。这是一件按照引力定律非常难以解释的事 —— 事实上，如果找不到别的解释的话，它就将枪毙这个美妙的理论。一条定律，只要在一个它本应适用的地方不适用，它就是错的。但是解释这个矛盾的理由非常简单而又漂亮：看到木星的月亮需要一些时间，因为光从木星来到地球需要时间。当木星离地球较近时，这个时间短一些；当木星离地球较远时，这个时间长一些。这就是这些"月亮"随着它们是接近还是远离地球，而稍微超前或稍微推迟出现的原因。这个现象表明光不是即时传播的，并且提供了光速的第一个估计值。这是在1676年完成的。[1]

　　如果所有的行星都相互作用，那么，控制比方说木星环绕太阳运行的力就不只是来自太阳的力；还有来自比方说土星的引力。这个力实际上并不强，因为太阳的质量比土星大得多，但是毕竟有一点引力，因此木星的轨道就应当不是一个完美的椭圆，事实上的确不是；它稍微偏离正确的椭圆轨道，在它的周围"晃动"。这样的运动显得更复杂一些。人们曾试图在引力定律的基础上分析木星、土星和天王星的运

1. 原文是1656年，经核实应为1676年。——译者注

动。把这些行星中每一个对每一个别的行星的影响都计算进来，看看是否仅仅用引力定律就能完全理解这些行星运动中的小偏差和不规则性。嘿，你瞧，对木星和土星，一切都很好，但是天王星有点不对头。它的行为很特别。它不是在一个精确的椭圆轨道上运行，但这是可以理解的，因为有木星和土星对它的吸引。不过，即使考虑了这些吸引，天王星仍然不按正确的方式运行，因此引力定律面临被推翻的危险，这种可能性不能排除。两个人，英国的亚当斯(Adams)和法国的勒威耶(Leverrier)，各自独立地想到了另一种可能性：也许还存在另一颗昏暗和难以看见的行星，这颗行星人们还从来没有观察到过。这个行星 N 可能对天王星有引力作用。他们计算了这样一颗行星应当在什么地方，才能引起所观察到的扰动。他们各自写信给有关的天文台，说："先生们，把你们的望远镜对准天上某个某个地方，你将看到一颗新行星。"至于他们是否注意这个信息，那常常就看你写信给什么人了。勒威耶写信去的那个天文台注意了这个信息，他们观察了，行星 N 就在那里！于是另一个天文台也迅速地在随后几天里进行了观察，也看到了这颗新行星。

101   这个发现表明，牛顿的定律在太阳系内是绝对正确的；但是它们能够被推广到离我们最近的行星这个相对说来比较小的距离范围之外吗？第一个考验是这个问题：恒星也像行星一样互相吸引吗？我们在双星里看到了它们互相吸引的确凿证据。图 5-6 表示一对双星 —— 两颗非常靠近的恒星（图中还有第三颗星，使我们可以判断照片没有转过一个角度）。图中也显示了这几颗星在几年后的样子。我们看到，相对于那颗"固定"的恒星，双星的轴已经转过了一个角度，也就是说，两颗星互相环绕着旋转。它们是在按照牛顿定律旋转吗？对一个这样的双星系统中两颗星的相对位置的仔细测量结果示于图 5-7 中。在图中我们看到一个漂亮的椭圆，这一测量于1862年开始，一直持续到1904年（到现在它一定又转了一圈了）。一切都与牛顿定律相符，除了天狼星A不在焦点上。为什么会这样？因为椭圆的平面不在"天空平面"上。我们不是垂直于轨道平面来看的，当斜着看一个椭圆时，它仍是一个椭圆，但是它的焦点不再在原地了。于是我们能够按照引力定律的要求来分析相互环绕运动的双星。

图5-6　一个双星系统

　　图5-8表明，引力定律甚至在更大的距离上也是正确的。如果有　102
人看不出引力在这里起作用，那他就没有脑子。这个图显示的是天空
中最美丽的事物之一——一个球状星团。所有的点都是恒星。虽然它
们看起来像是向着中心密集地挤成一团，其实这是由于我们的仪器的
分辨率不足所致。实际上，即使是最中心部分的恒星之间的距离也是
非常大的，而且它们极少碰撞。内部的恒星比外部多，而且越往外越
少。显然，这些恒星之间有一个吸引力。很清楚，在这样巨大的尺度上
（也许是太阳系大小的10万倍）也存在着引力。让我们走得更远，看一
整个星系，如图5-9。这个星系的形状表明它的物质有一个明显的要
凝聚成团的倾向。当然我们不能证明这里的引力定律也是精确的平方

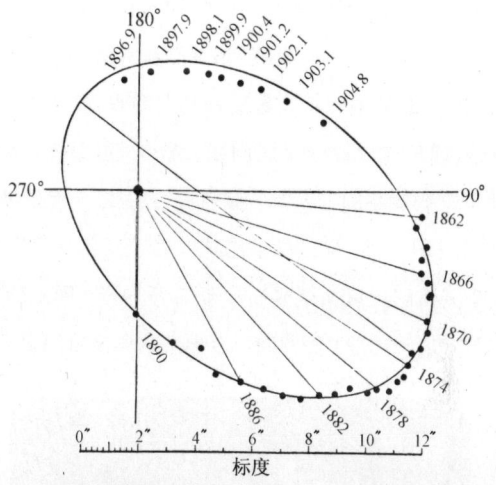

图5-7　天狼星B相对于天狼星A的轨道

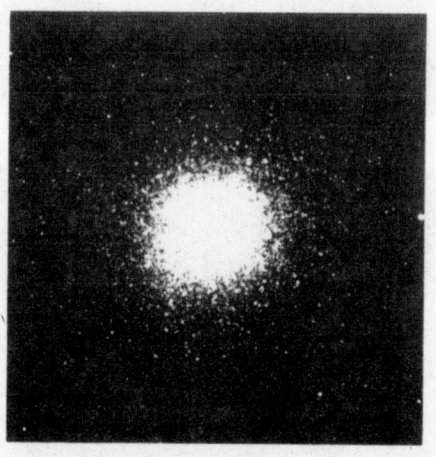

图5-8　一个球状星团

反比律，只能说明，在这样巨大的尺度上，仍然有一个吸引作用，把整个星系保持在一起。有人也许会说，"嗯，这一切都很巧妙，但是为什么它不聚集成一个球呢？"因为它在旋转并且具有角动量，这是它收缩时所不能放弃的；它必然主要是顺着转轴的方向收缩，收缩为一个平面。（顺便说一句，如果你要找一个好问题，那么，星系的旋臂如何形成，是什么决定了这些星系的形状等，都还没有解决。）但是清楚的是，星系的形状应归因于引力，虽然星系结构的复杂还不允许我们进行全面的分析。一个星系的尺度大致是5万到10万光年，而地球到太阳的距离只是八又三分之一光分，因此你可以看到这些尺度是多么巨大。

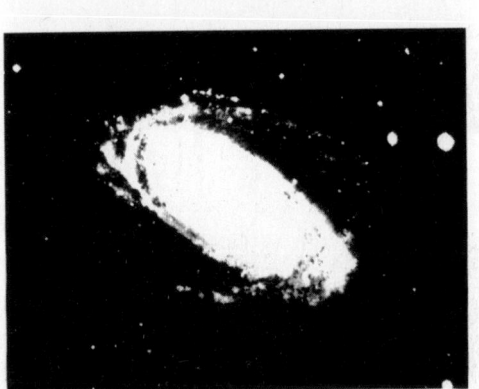

图5-9 一个星系

图5-10 一个星系团

103

在还要大得多的尺度上看来引力也存在，如图 5-10 所示，图中显示许多"小东西"聚成一团。这是星系团，就像恒星构成星团一样。因此星系在这样的距离上也相互吸引，聚集成团。也许引力甚至在几千万光年的距离上也存在；就我们今日所知，看来引力永远以与距离平方成反比的方式向外伸展。

从引力定律我们不仅能够理解星云，还能够对恒星的起源有一些想法。如果我们有一片很大的尘埃和气体云，如图 5-11 所示，尘埃碎片相互之间的引力作用可能使它们形成小团块。图中有一些依稀可辨的小黑斑，它们可能是尘埃和气体聚集的开始，由于它们之间的引力，它们开始形成星体。我们是否曾看到过一颗恒星的形成，还是一个有争论的问题。图 5-12 是认为我们曾看到过的一个证据。图的左边是 1947 年拍的一张气体区域的照片，其中有几个星体；右边是仅仅 7 年后拍的同一区域的另外一张照片，它增加了两个新的亮点。是气体聚集得足够多、引力作用得足够强，把它聚集成了一个足够大的球，使得星体的核反应在其内部开始发生，把它变成了一颗星体吗？也许是，也

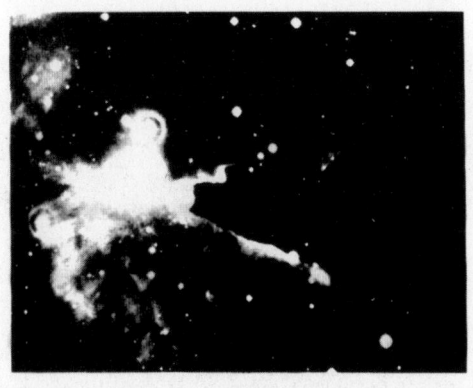

图 5-11 一团星际尘埃云

许不是。在仅仅7年里，我们就能看到一颗星把自己变成可见的，这是不近情理的；而居然一下子看到两个，那就更不可能了！

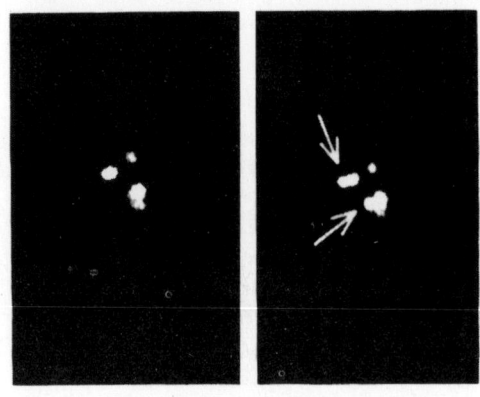

图5-12 新星的形成

5-6 卡文迪什实验

因此，引力伸展到极大的距离上。但是，如果在任何两个物体之间都有一个力，那么我们就应该能够测量出我们周围的两个物体之间的力。为什么我们不能取一个铅球和一个大理石球，观察大理石球怎样向铅球滚过去，而必须观察两颗恒星互相环绕着旋转呢？在这样简单的方式下做这样一个实验的困难在于，这个力非常微弱或者纤细。必须极其小心地来做实验，这意味着要把仪器封装在真空里，确保它不带电，等等；这样才能测量出这个力。这个测量是由卡文迪什(Cavendish)首次做的，他用的仪器如图5-13所示。这个实验首次表明了两个固定的大铅球和两个较小的铅球之间的直接作用力，这两个小铅球位于一根横杆的两端，横杆用一根非常纤细、叫做扭丝的金属

105

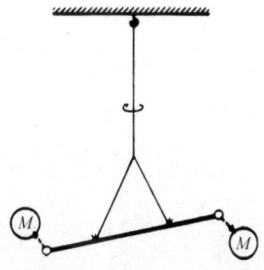

图5-13　卡文迪什用来验证小物体之间的万有引力定律和测量引力常数 G 值的仪器的简图

丝悬挂起来。通过测量这根扭丝扭转的角度，可以测量出这个力的强度，从而验证它是与距离的平方成反比，并测定它的大小。于是，就可以精确确定公式

$$F = Gmm' / r^2$$

106　中的系数 G，因为所有的质量和距离都是已知的。你会说，"对地球我们早就知道这个力了。"是的，但是我们不知道地球的质量。从这个实验知道 G 并且知道重力的大小之后，我们就可以间接知道地球的质量有多大！这个实验曾经被称为"称量地球"的实验。卡文迪什宣称他是在称量地球，但是事实上他测量的是引力定律中的 G。这是惟一的能够测量地球质量的方法。最后得到 G 的数值是

6.670 × 10⁻¹¹ 牛顿•米²/千克²。

引力理论的伟大成就在科学史上所产生的重大影响，是怎样估计也不过分的。试把这个定律的简单明晰同早年流行的不完整的知识、同当时无休无止的争论和悖论、混乱和缺乏证据做一比较吧，想想这

一事实：一切月亮、行星和恒星都受这样一条简单定律的支配，而且人 ¹⁰⁷
居然能够理解它，并推导出行星应当怎样运动！这是科学在后来的年代
里得到成功的原因，因为它给了我们希望，别的自然现象也可能有这
样简单漂亮的定律。

5-7 引力是什么

　　但是这条定律真是这么简单么？它的机制是什么？我们所做的全部
只是描述地球如何绕太阳转，但是我们并没有说是什么使它这样运行。
牛顿对此没有做任何假设；他只满足于找出它做什么，而没有深入研
究它的机制。从那时以来，没有人给出过任何成功的机制。这是物理定
律的特征，它们都具有这种抽象的特性。能量守恒定律是关于一些必
须计算出来并且加在一起的一些量的一条定理，而并没有触及其机制；
同样，力学中那些重要定律也是定量的数学定律，我们不知道它们的 ¹⁰⁸
机制。为什么我们能够用数学来描述大自然，而不了解它们背后的机
制？没人知道。我们必须继续沿着这条道路前进，因为用这种方法我们
发现了更多的东西。

　　人们曾经为引力设想过多种机制。其中有一种值得在此说一下，
许多人曾一再想到过它。起初，"发现"它的人曾非常激动和高兴，但
很快就发现它是不正确的。它最早是在1750年前后被提出的。假定在
空间里有许多粒子以很高的速度在一切方向上运动，并且在穿过物质
时只被少量地吸收。当它们被地球吸收时，它们给地球一个冲量。但
是，由于各个方向上的粒子数目一样多，这些冲量都平衡掉了。但是当
有太阳在附近时，那些穿过太阳飞向地球的粒子被太阳吸收了一部分，

因此来自太阳的粒子就比来自其他方向的粒子要少一些。于是，地球
就感觉到有一个指向太阳的净冲量，并且不需要多少时间就可以看出，
它与距离的平方成反比——因为当距离变化时太阳对我们所张的立体
角与距离的平方成反比。这个机制有什么毛病呢？它包含了一些不正确
的新结论。这个特殊的想法有以下的麻烦：地球在环绕太阳运动时，撞
上的来自其前方的粒子要比来自其后方的粒子多（当你在雨中奔跑时，
打在你脸上的雨滴要比打在后脑上的雨滴多！）。因此给予地球的冲量
来自前方的更多，地球将会感到一个对其运动的阻力，并且将在其轨
道上逐渐慢下来。可以算出经过多长时间地球就会由于这个阻力停下
来，结果是地球能够保持在它的轨道上的时间不是很长，因此这种机
制不成立。从来还没有提出过一种机制，它既能说明引力，又不预言一
些不存在的现象。

下面我们将讨论引力和其他各种力可能有的关系。现在还没有一
种用别的力来说明引力的解释。它不是电或诸如此类的什么东西的一
个方面，所以我们没有什么解释。但是，引力和别的力是十分相似的，
注意到它们的相似之处是有趣的。例如，两个带电体之间的电力和引
力定律很相像，电力等于一个带负号的常数乘上两个电荷之积，并且
反比于距离的平方。它是在相反的方向——同号相斥。但是两条定律
都含有同样的与距离的函数关系，这难道不引人注目吗？也许引力和电
力的关系要比我们想象的密切得多。曾经有过许多想要把引力和电力
统一起来的企图；所谓"统一场论"只不过是这些企图中特别优美的一
个；但是，在比较引力和电力时，最有趣的事是这两个力的相对强度。
任何包括它们二者的理论必须也能导出引力的大小。

如果我们用某种自然单位，取两个电子（自然界中的普遍的电荷）

之间的电斥力和它们之间由于其质量而产生的引力来比较，我们可以
测量电斥力和万有引力的比值。这个比值与距离无关，是自然界的一
个基本常数。其大小如图5-14所示。两个电子之间的引力与电斥力之 110
比是 $1:4 \times 10^{42}$！现在的问题是，这样巨大的一个数字从何而来？这
个数字不是像一个跳蚤的体积与地球的体积之比那样只是一个偶然的
数字。我们比较的是同一事物电子的两个自然的侧面。这个大得难以
置信的数字是一个自然常数，因此它包含了自然界中某种深层的东西。
这样一个惊人的数字能从哪里来呢？有人说，总有一天我们将会找到一
个"宇宙方程"，这个方程的一个根就是这个数。很难找到这样一个方
程，它的自然根是这样大的一个数。别的可能性也有人想到过；其中之
一是把它同宇宙的年龄联系起来。显然，我们必须在某个地方找到另
一个大数。那么，我们指的是以年为单位的宇宙年龄吗？不是，因为年
不是一个"自然"单位；它是人设计出来的。作为某个自然单位的一个
例子，让我们考虑光穿越一个质子的时间，10^{-24}秒。如果我们把这个
时间同宇宙的年龄 2×10^{10} 年相比较，其比值为 10^{-42}。它后面有同样
个数的零，因此曾有人提出，引力常数同宇宙年龄有关。如果情况是这
样，引力常数就会随时间变化，因为随着宇宙年龄变大，宇宙年龄和光 111
穿越质子的时间的比值也逐渐增大。引力常数正在随时间变化是可能

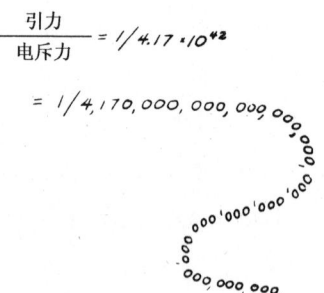

$$\frac{引力}{电斥力} = 1/4.17 \cdot 10^{42}$$

$$= 1/4,170,000,000,000,000,000,\\ 000,000,000,000,000,\\ 000,000,000,$$

图5-14　两个电子之间的电力作用和引力作用的相对强度

的吗？当然，这种变化是如此之小，很难确定。

我们能够想到的一个检验方法是确定在过去 10^9 年里这种变化可能产生的效应，这段时间大约是从地球上最早有生命出现到现在的时间，是宇宙年龄的十分之一。在这段时间里，引力常数可能已增大大约 10 ％。人们发现，如果考虑太阳的结构 —— 太阳物质的重量和其内部产生辐射能的速率之间的平衡，我们就可以推出，如果引力增强 10 ％，那么太阳的亮度的增大要比 10 ％大得多 —— 与引力常数的 6 次方成正比！如果计算当引力变化时地球轨道怎么变化，我们发现地球那时更靠近太阳。把这两个因素综合在一起，地球的温度将比现今高大约 100 摄氏度，所有的水不会在海洋里，而是以水蒸气的形式存在于空气中，因此生命无从在海洋中发端。因此现在我们不相信引力常数随宇宙的年龄变化。但是，我们刚才给出的这样一些论据并不是很有说服力的，因此争论还没有完全结束。

引力正比于质量是一个事实，而质量从根本上说是惯性的量度，即拉住一个物体做圆周运动的困难程度的量度。因此若有两个物体，一个轻一个重，由于引力作用在同一个圆轨道上以同样的速率围绕一个更大的物体运行，这时这两个物体将保持在一起，由于做圆周运动需要一个向心力，较大的质量所需要的力也较大。这就是说，对于质量较大的物体，它所受的引力也正好以恰当的比例增强，使得两个物体仍将一起做圆周运动。如果一个物体原来是在另一个里面，它将仍然在它里面；这是一个全面的平衡。于是，加加林或季托夫发现宇宙飞船舱内的东西都是"失重"的；如果他们碰巧掉下比方说一支粉笔，这支粉笔会和整个宇宙飞船以完全相同的方式环绕地球运行，因此它看起来就会悬浮在他们面前的空中。这个力以很高的精度精确地与质量成正比，这一点是非常有趣的；因为如果不是这样，就会有某些效应，依靠这些效应质量（惯性质量）就会不同于重量（引力质量）。人们已经以很高的精度用实验检验过，不存在这样的效应；这个实验是厄特沃斯(Eötvös)于1909年首次做的，不久前由迪克(Dicke)以更高的精度再次做过。对于试验过的一切材料，质量和重量在10^{-9}的精度内精确地成比例。这是一个值得称道的实验。

5-8 引力和相对论

另一个值得讨论的题目是爱因斯坦对牛顿引力定律的修正。尽管牛顿引力定律带来了这么大的激动人心的成就，但是它并不正确！爱因斯坦把相对论引进来，对它进行了修正。按照牛顿的看法，引力效应是瞬时的，这就是说，如果我们移动一个质量，我们将立即感觉到一个新的力，因为这个质量已在新的位置上了；用这种手段，我们可以用无穷大的速率发送信号。爱因斯坦提出了种种论据，表明我们不能以快于光速的速率发送信号，因此引力定律一定是错了。在将延迟考虑进来而对牛顿引力定律进行修正之后，我们得到一条新定律，叫做爱因斯坦引力定律。这条新定律的一个容易理解的特征是：在爱因斯坦的相对论中，任何具有能量的东西也具有质量——这里质量的意义是，它能受到引力的吸引。即使是光，因为它有能量，它也有一个"质量"。当一束含有能量的光经过太阳附近时，它会受到太阳的吸引，于是光不走直线，而是被偏转。例如，在日蚀时，太阳周围的星星看起来好像是从如果太阳不在那里时它本应在的位置移开了，这个现象已经被观察到了。

最后，让我们对引力和别的物理理论做一些比较。近年来我们已经发现，所有的物质都是由微小粒子组成的，并且自然界中存在几种相互作用，诸如核力等。这些核力或电力中，还未曾发现有哪一个可以用来解释引力。自然界的量子力学一面，还没有被搬到引力上来。当尺度小到我们需要考虑量子效应时，引力效应却是如此之弱，还不需要发展引力的量子理论。另一方面，为了我们各个物理理论内在的一致性，重要的是看一看牛顿引力定律在修正为爱因斯坦的定律后，能否进一步修正到与量子力学的不确定原理相容。这个修正现在尚未完成。

第6章

量子行为

6-1　原子力学

在前面几章里，我们讨论了为理解光——或一般地说电磁辐 115
射——的大部分重要现象所必需的一些基本概念。（我们留下了几个
特殊的题目到来年再讲，具体地说就是光密介质的折射率和全内反射
的理论。）我们讨论过的这些内容叫做电磁波的"经典理论"，大量事实
表明，它非常适合描述自然界的许多效应。我们暂时还不必为光的能
量是成团地或以"光子"形式出现而操心。

我们想讨论的下一个问题是比较大块物质的行为——比方说它们
的力学性质或热性质。在讨论这些性质时，我们会发现，"经典理论"
（或较老的理论）几乎立即就失效了，因为物质实际上是由原子大小的
粒子组成的。然而，我们仍将只讨论事物的经典方面，因为这是我们用
我们学过的经典力学惟一能理解的部分。但是我们不会太成功。我们
将发现，物质的情况与光的情况不同，在这里我们很快就会遇到困难。
当然，我们可以继续避开原子效应，但是我们不这么做，我们要在这里
插进来一段短短的插曲，描述物质的量子行为的基本观念，即原子物 116
理学的量子观念，使你对我们暂时要回避的东西有一点概念。因为我
们不得不暂时回避一些重要的题目，而这些题目我们将来不可避免地
要接触到。

因此，我们现在来简单地介绍一下量子力学，但是实际上深入研究
这个题目只能留待以后进行。

"量子力学"是对物质行为直至其细节的详细描述，特别是对发生
在原子尺度上的事件的详细描述。在非常小的尺度上，事物的行为一

点也不像你有直接经验的任何东西。它们的行为不像一个波，不像一个粒子，不像一团云，不像一个弹子球，不像一个挂在弹簧上的重物，不像你曾看见过的任何东西。

牛顿曾认为光是由粒子组成的，然而我们看到，人们发现它的行为像一个波。但是后来（20世纪初）又发现，光的行为有时的确像是粒子。在历史上曾以为电子的行为像一个粒子，但是这时又发现，在许多方面它的行为像一个波。因此实际上它既不像粒子，也不像波。现在我们干脆放弃这种把它与别的东西比拟的做法，我们说："它和哪一个都不像。"

不过，好在还有一点——电子的行为和光的行为彼此很相像。所有的微观客体（电子、质子、中子、光子等）的量子行为都相同；它们都是"粒子波"（或者你愿意叫的任何名称）。因此我们所学的关于电子（我们将用它做例子）的性质也可以应用于所有的"粒子"，包括光的"粒子"——光子。

在20世纪的头25年中，逐渐积累了关于原子和小尺度上行为的知识，它们给出了微小客体的行为的一些迹象，也引起了越来越多的混乱，这些混乱终于在1926年和1927年由薛定谔、海森伯和玻恩解决了。他们终于获得了对微小尺度上物质的行为的一个贯彻一致的描述。我们在这一章里要研究这种描述的主要特点。

117　　　由于原子行为同日常经验是如此的不同，人们很难习惯于它，不论是新手还是有经验的物理学家，都觉得它奇特和神秘。即使是专家也不能照他们所想的方式理解它，而这是完全合理的，因为一切人类的直接经验和直觉都是关于大的客体的。我们知道大的客体的行为将是怎样，但是小尺度事物的行为偏偏不是这样。因此我们不得不用一种抽象或想象的方式来学习它，而不是与我们的直接经验相联系。

在这一章里我们将直截了当地讨论以其最奇特的方式表现的这种神秘行为的基本要素。我们挑选一种不可能（绝对不可能！）以任何经典方式解释的一种现象来考察，这种现象中却隐藏了量子力学的核心内容。实际上，它包含了那个独一无二的秘密。我们不能从"解释"它的行为机制的意义上来说明这个秘密，我们只能告诉你它的行为是怎样的。在告诉你它的行为是怎样的同时，我们就告诉了你全部量子力学的基本特色。

6-2 用子弹做的实验

为了试图理解电子的量子力学行为，我们将在一个特殊的实验装置中，把它们的行为同更熟悉的像子弹这样的粒子的行为和像水波这样的波的行为做一对比。我们首先考虑子弹在图6-1所示的实验装置中的行为。我们有一挺机枪射出一连串子弹。它不是一支好枪，因为它将子弹随机地撒在一个相当大的角度范围内，如图所示。在机枪前面有一堵墙（用钢板做成），墙上开有两个孔，孔的大小刚好足以让子弹通过。墙外有一道后障（比方说一道厚木墙），它将"吸收"打上去的子弹。在墙的前方有一个叫"子弹探测器"的东西，它可以是一个装有沙子的箱子。任何进入探测器的子弹将被留在那里积累起来。我们可以随时出空箱子，清点它所捕获的子弹的数目。探测器可以沿着图中的 x 方向上下移动。用这套装置，我们可以用实验求得下述问题的答案：

"一颗子弹穿过墙上的孔后到达后障上离中心为 x 处的概率是多少？"
首先，你应该认识到我们谈的是概率，因为我们不能肯定任何一颗特
定的子弹会到达什么地方。一颗碰巧打到一个孔上的子弹可能会从孔
的边缘弹开，最后打在任何一个地方。所谓"概率"我们指的是一颗子
弹打到探测器的机会，它可以通过在某一时间内打中探测器的子弹的
数目除以在这段时间内打到后障上的子弹总数来量度。或者，如果我
们假定在测量过程中机枪总是以同样的快慢射击，那么我们所要的概
率就正比于在某个标准的时间间隔内到达这个探测器的子弹数目。

119　　　　　为了当前的目的，我们要想象一个有些理想化的实验，这个实验
中的子弹不是真正的子弹，而是不会破裂的子弹——它们不会裂成两
半。在实验中我们发现，子弹总是整颗地到达，我们在探测器中找到
的总是一颗完整的子弹。如果使机枪射击的速率非常慢，我们发现，
在任何给定的时刻，要么没有任何子弹到达，要么有一颗而且只有一
颗——正好一颗——子弹到达后障。而且，整颗子弹的大小肯定与机
枪射击的速率无关。我们可以说："子弹永远以相同的一颗一颗的形式
到达。"我们用探测器测量到的是一整颗子弹到达的概率。而且我们还
要测量这个概率和 x 的函数关系。用这套仪器进行的测量结果（我们还

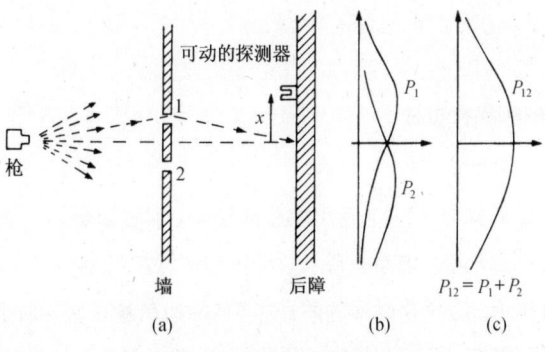

图6-1　用子弹做的干涉实验

没有做过这个实验，实际上我们是在想象这个结果）画在图6-1(c)上。在图中我们把概率轴指向右方而 x 轴则在垂直方向，使 x 方向与仪器的 x 方向相合。我们把这个概率叫做 P_{12}，因为子弹可能是穿过孔1过来的，也可能是穿过孔2过来的。P_{12} 之值在图的中央附近大而当 x 很大时变小，这一点你不会感到惊奇。不过你可能会感到奇怪，为什么 P_{12} 在 $x=0$ 处有极大值。如果我们盖上孔2再做实验，然后盖上孔1再做一次，我们就会理解这一点。当孔2被盖上时，子弹只能穿过孔1，我们就得到图6-1(b)中用 P_1 标示的曲线。正如你期望的，P_1 的极大值位于枪口和孔1的连线所在的 x 值上。当孔1被关闭时，我们得到图中所画的对称的曲线 P_2。P_2 是通过孔2的子弹的概率分布。比较图6-1(b)和图6-1(c)，我们求得一个重要的结果：

$$P_{12} = P_1 + P_2 \tag{6.1}$$

概率简单地相加。两个孔都打开的效应是单独打开每个孔的效应之和。我们将把这个结果叫做"没有干涉"，其理由下面就会明白。关于子弹就讲这些。它们整颗地出现，并且它们到达的概率不呈现干涉。

6-3   用波做的实验

现在我们来考虑一个用水波做的实验。实验仪器示于图6-2中。我们有一个浅水槽，里面盛有水。一个标有"波源"字样的小物体用马达带动上下振动，产生圆形的波。波源的右边仍是一堵带两个孔的墙，墙外是第二道墙，为了使问题尽量简单化，我们假设这道墙是一个"吸

收体",因此到达它的波不发生反射。这可以用逐渐上升的"沙滩"做
到。在沙滩前面放一个探测器,和以前一样,它可以沿 x 方向移动。这
里的探测器是一个测量波动的强度的仪器。你可以想象它是一个测量
波动高度的装置,但是它的刻度是正比于实际高度的平方而校准的,
因此它的读数正比于波的强度。于是,我们的探测器的读数正比于波
携带的能量 —— 或更确切地说,正比于能量被带到探测器的速率。

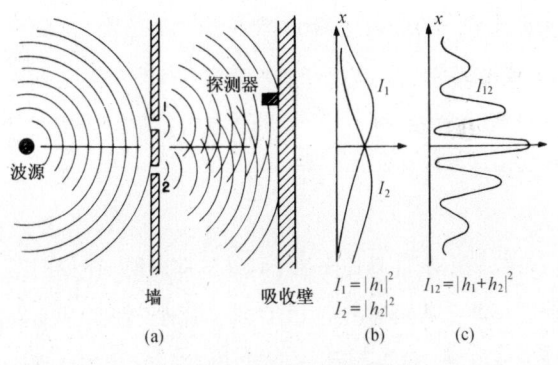

图6-2 用水波做的干涉实验

用我们这套波动实验仪器,该注意的第一件事是,波动的强度可
以是任意大小。如果波源只做很小的运动,那么在探测器处只有一点
点波动。波源的运动更大时,探测器处波的强度更强。波的强度可以有
任意的值。我们不认为波的强度有任何"颗粒性"。

现在我们来测量不同 x 值处波的强度(保持波源一直作同样的振
动)。我们得到图6-2(c)中标有 I_{12} 的样子很有趣的曲线。

在我们研究电磁波的干涉时,已经知道了这种图样是怎样产生出
来的。在那里,我们观察到原来的波在两个小孔处发生衍射,从每个孔

有新的圆形波传播出来。如果我们每次盖上一个孔，测量吸收体上的强度分布，我们将求得图6-2(b)所示的很简单的强度分布曲线。I_1是关上孔2时穿过孔1的波的强度分布，而I_2是关上孔1时穿过孔2的波的强度分布。

两个孔都打开时观察到的强度分布I_{12}肯定不是I_1与I_2之和。我们说这里发生了两个波的"干涉"。在某些地方，两个波"同相"，波峰加在一起得出一个大的振幅，从而给出一个大的强度，I_{12}在这些地方有极大值。我们说这两个波在这些地方发生"相长干涉"。只要探测器到一个孔的距离比探测器到另一个孔的距离大（或小）整数个波长，就会发生这样的相长干涉。

在两个波"反相"（相位差 π）到达的那些地方，探测器上的合成波动的振幅是两个波振幅之差。两个波"相消干涉"，我们得到波的强度的一个很低的值。只要孔1到探测器的距离与孔2到探测器的距离相差奇数个半波长，我们就预期强度的值很低。图6-2中I_{12}曲线的最小值所在就对应于那些发生相消干涉的地方。

你会记得，I_1，I_2和I_{12}之间的定量关系可以用以下的方式表示：在探测器处来自孔1的水波的瞬时高度可以写成$h_1 e^{i\omega t}$（的实部），其中振幅h_1一般是一个复数。强度正比于高度的均方值，或者在使用复数的情况下，正比于$|h_1|^2$。同样，来自孔2的水波的瞬时高度为$h_2 e^{i\omega t}$，其强度正比于$|h_2|^2$。当两个孔都打开时，两个波的高度相加给出合成波的高度$(h_1 + h_2) e^{i\omega t}$和强度$|h_1 + h_2|^2$。对于我们现在的目的，可以忽略掉比例常数，于是得到两个波发生干涉时适用的关系：

122

$$I_1 = |h_1|^2,\ I_2 = |h_2|^2,\ I_{12} = |h_1 + h_2|^2 \text{。} \tag{6.2}$$

你会注意到，这个结果同用子弹得出的结果（6.1）式很不相同。展开 $|h_1 + h_2|^2$，我们得到

$$|h_1 + h_2|^2 = |h_1|^2 + |h_2|^2 + 2|h_1||h_2|\cos\delta \text{。} \tag{6.3}$$

其中 δ 是 h_1 和 h_2 之间的相位差。上式用强度可以写成

$$I_{12} = I_1 + I_2 + 2\sqrt{I_1 I_2}\cos\delta \text{。} \tag{6.4}$$

(6.4)式中最后一项是"干涉项"。对水波我们就讨论到这里。其强度值可以是任意大小，并且它表现出干涉。

6-4　用电子做的实验

我们现在来想象一个用电子做的类似的实验。其原理见图6-3。我们制造一把电子枪，它由一根用电流加热的钨丝和环绕它的一个带孔的小金属盒构成。如果钨丝相对于金属盒带负电压，钨丝发射的电子将被加速向盒壁，有一些将穿过小孔跑出来。所有从电子枪跑出来的电子具有（近似）相同的能量。在电子枪的前面又是一堵墙（只不过是一片薄金属板），上面有两个小孔。墙外是另一块板，它将用作"后障"。后障前面放一个可移动的探测器。这个探测器可以是一个盖革计数器，或者一个与扬声器相连接的电子倍增管也许更好。我得马上告诉你，你不要试着去做这样一个实验（虽然你可能已经做过我们前面

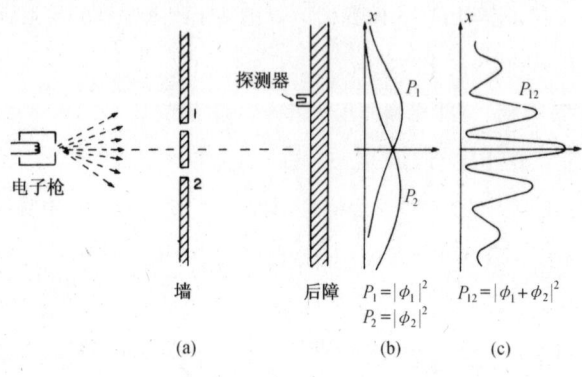

图6-3 用电子做的干涉实验

描述的两个实验）。这个实验从来没有以我们刚才描述的形式做过。麻烦在于，为了显示出我们感兴趣的效应，仪器的尺度必须小到不可能做出来的程度。我们是在做一个"思想实验"，我们之所以选择这样做是因为它易于想象。我们知道将会获得的结果，因为已经做过许多别的实验，在那些实验中已选取了合适的尺寸和比例以显示我们要在下面描述的效应。

在电子实验中我们注意到的第一件事是，我们听到从探测器（即扬声器）发出的清晰的"喀哒"声。所有的"喀哒"声都相同，没有半个"喀哒"声。

我们还会注意到，"喀哒"声的出现很不规则，有点像这样：喀哒……喀哒喀哒…喀哒……喀哒……喀哒…喀哒喀哒……喀哒…等，就像你无疑听到过的盖革计数器工作时发出的声音一样。如果我们对足够长的时间里——比方说许多分钟里——听到的喀哒声进行计数，然后在另一个相等的时间间隔里再次进行同样的计数，我们会发

124

现，两个数目非常相近。因此我们可以定义听到喀哒声的平均计数率（平均每分钟听到多少次喀哒声）。

随着我们四下移动探测器，喀哒声出现的速率或快或慢，但是每一个喀哒声的大小（响度）永远相同。如果我们降低电子枪中钨丝的温度，喀哒声的出现速率就会慢下来，但是每次喀哒声的大小仍然和以前一样。我们还会注意到，如果我们在后障上放两个分开的探测器，那么一个或另一个探测器都会发出喀哒声，但是两个探测器绝不会同时发喀哒声（除了有的时候两次喀哒声在时间上太接近，以致我们的耳朵感觉不出二者的间隔）。因此我们得出结论，到达后障的任何东西都是以"颗粒"形式到达的。所有"颗粒"的大小都相同：只有整颗的"颗粒"到达，一次一颗。我们得说："电子永远以完全一样的颗粒形式到达。"

正像我们用子弹做的实验一样，我们进而可以用实验求出下述问题的答案："一个电子'颗粒'在离中心的距离为 x 处到达后障的概率是多少？"同以前一样，保持电子枪的运作情况不变，观察喀哒声的快慢，我们就得到了相对概率。电子颗粒到达一个特定的 x 处的概率正比于在这个 x 处的喀哒声的平均计数率。

我们实验的结果是图 6-3(c) 中标有 P_{12} 的那条有趣的曲线。是的，电子的行为就是这样！

6-5 电子波的干涉

现在我们试着来分析图6-3中的曲线，看我们是否能理解电子的
行为。我们要说的第一点是，既然电子是以颗粒形式到来的，那么每个
颗粒，也可以叫一个电子，就要么穿过孔1要么穿过孔2到达后障。我
们把这一点写成一个"命题"的形式：

命题A：每个电子要么穿过孔1，要么穿过孔2。

假定命题A成立，那么所有到达后障的电子可以分成两类：（1）穿
过孔1的，（2）穿过孔2的。因此我们观察到的曲线一定是穿过孔1的
电子的效应与穿过孔2的电子的效应之和。让我们用实验来检验这个
想法。首先，我们对穿过孔1的电子进行测量。我们把孔2挡住，对探
测器的喀哒声计数。从喀哒声的计数率，我们得到P_1。测量结果见图
6-3(b)中标有P_1的曲线。这个结果看起来相当合理。用类似的方法，
我们测量出穿过孔2而到达的电子的概率分布P_2。这个测量结果也画
在图6-3(b)中。

两个孔都打开的情形下得到的结果P_{12}显然不是只打开一个孔时的
概率分布P_1与P_2之和。同我们的水波实验类比，我们得说："这里有干
涉发生。"

$$对于电子：P_{12} \neq P_1 + P_2。 \tag{6.5}$$

怎么能发生这样的干涉呢？也许我们会说："嗯，这可能意味着，
电子颗粒要么穿过孔1要么穿过孔2的命题不成立，因为如果它成立，

概率就应当相加。也许它们的运动方式更为复杂。它们裂开成两半并且……"但是不！它们不能分裂，它们永远以完整的颗粒的形式到达……"嗯，也许它们之中的某些穿过孔1，然后再穿过孔2兜回来，然后再兜几圈，或者沿某条其他的复杂路径……这样，关闭孔2，我们就改变了一个出发时穿过孔1的电子最后落到后障上的机会……"但是请注意！后障上存在着这样一些点，当两个孔都打开时只有很少的电子到达这些点，而如果关闭一个孔却有许多电子，因此关闭一个孔增大了来自另一孔的电子数目。不过，又请注意，在概率分布图样的中心处，P_{12} 的大小要比 $P_1 + P_2$ 的两倍还大。这又好像是关闭一个孔就减小了来自另一孔的电子数目。要用电子沿复杂的路径行进的假设来解释这两种效应看来是困难的。

这一切都很神秘。你对它考虑得越多，它就显得越神秘。曾经炮制出许多理论，试图用单个电子沿复杂的路径穿过两个孔兜圈子来解释 P_{12} 曲线。它们之中没有一个成功。没有一个能够用 P_1 和 P_2 得出正确的 P_{12} 曲线。

可是，使人非常惊奇的是，把 P_1 和 P_2 同 P_{12} 联系起来的数学极为简单。因为 P_{12} 曲线正好像图6-2中的 I_{12} 曲线，而它是简单的。在后障上发生的事情可以用两个叫 Ψ_1 和 Ψ_2 的复数描述（当然，它们是 x 的函数）。Ψ_1 的绝对值的平方给出只有孔1打开时的效应，即 $P_1 = |\Psi_1|^2$。只有孔2打开时的效应由 Ψ_2 以同样的方式给出，即 $P_2 = |\Psi_2|^2$。而两个孔的联合效应正好是 $P_{12} = |\Psi_1 + \Psi_2|^2$。它用的数学同我们在水波情况下用的数学相同！（难以看出，从电子沿着某条奇异的轨道来回穿越金属板的复杂运动怎么能得出如此简单的结果。）

我们的结论如下：电子以颗粒的形式到达，像粒子一样；而这些颗粒到达的概率分布则像是一个波的强度分布。正是在这个意义上，我们说"一个电子的行为有时像一个粒子，有时像一个波。"

顺便说一下，在我们讨论经典的波时，我们定义波的强度为波的振幅的平方的时间平均值，并且我们用复数作为一种简化分析用的数学技巧。但是在量子力学中我们发现，振幅必须用复数表示，单用实部不行。暂时这只是一个技术问题，因为公式看起来完全一样。

127

既然穿过双孔的到达概率这样简单（虽然它不等于 $P_1 + P_2$），这实际上就是全部我们要说的了。但是，自然界的确按照这样的方式行事，这一事实包含了大量微妙之处。这里我们想向你介绍其中的一些。首先，由于到达具体一点的电子数目并不像从命题 A 得出的结论那样，等于穿过孔 1 到达的数目与穿过孔 2 到达的数目之和，无疑我们会得到结论：命题 A 不成立。电子要么穿过孔 1 要么穿过孔 2 并不正确。但是这个结论可以用另一个实验来检验。

6-6 观察电子

现在我们来考虑下面的实验。在我们的电子实验仪器上加一个很强的光源，放在墙后两个孔之间，如图 6-4 所示。我们知道电荷会散射光。因此当有一个电子在飞向探测器的途中经过时，不论它是怎样经过的，它都会把一些光散射到我们的眼睛中来，从而我们可以看见电子在哪里飞过。例如，如果一个电子的路径像图 6-4 中画的那样是经过孔 2 的，那么我们就将看到来自图中标有 A 的地方附近的闪光。如果有一个电子穿过孔1，那么我们就会期望在上面的孔旁看到闪光。要是发生这样的事：我们同时在两个地方看到闪光，因为电子分成了两半……还是让我们做实验吧！

我们看到的情况是这样：每当我们听到（后障上）电子探测器的一次喀哒声，我们要么在孔1旁要么在孔2旁看到一个闪光，但是绝对不会同时在两处看到！不论我们把探测器放在什么地方，我们都观察到同样的结果。从这个观察结果我们得出的结论是，当我们观看电子时，我们发现电子总是要么穿过这个孔要么穿过那个孔。从实验看，命题A必定成立。

128　　　那么，我们否定命题A的论据有什么问题呢？为什么P_{12}不是正好等于P_1+P_2？还是回到实验上来！让我们追踪电子并观察它们在干什么。在探测器的每一个位置（x的一个值）我们对来到的电子计数，并依靠观察闪光记录下电子穿过哪个孔。我们可以这样记录：每当我们听到一次喀哒声，如果在孔1旁看到一个闪光，就在第一栏里记录一个计数；如果在孔2旁看到一个闪光，就在第二栏里记录一个计数。每个到达的电子都记录到这两类中：一类是穿过孔1的电子，另一类是穿过孔2的电子。从第一栏的数据我们得出一个电子经由孔1到达探测器的概率P_1'；从第二栏的数据我们得出一个电子经由孔2到达探测器的概率P_2'。如果我们对许多x值重复这一测量，就得到图6-4（b）中所示的P_1'和P_2'的曲线。

嗯，这些并不使人惊奇！我们得到的P_1'曲线和前面将孔2挡住所得出的P_1曲线非常相似；P_2'曲线和前面将孔1挡住所得出的P_2曲线非常相似。因此这里没有任何像穿过两个孔那样的复杂情况出现。当我

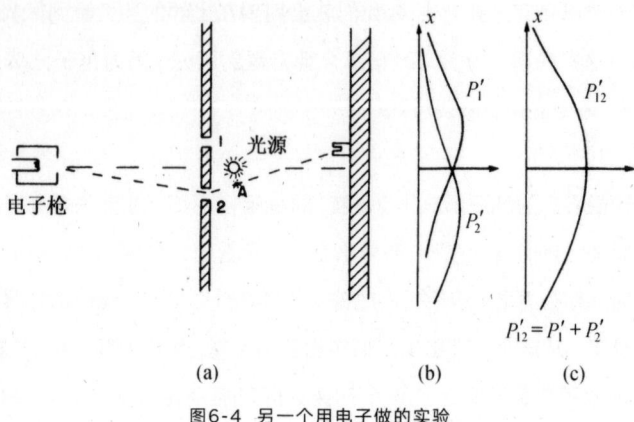

图6-4 另一个用电子做的实验

们观看电子时，电子就像我们预期的那样穿过小孔。不论孔2是开还是
关，我们观看到的穿过孔1的电子分布的方式相同。

但是先别忙！现在的总概率，即一个电子沿任意路径到达探测器的
概率是多少呢？我们已经有了有关的数据。这只要假装我们根本没有
看过闪光，而将原来分列两栏的探测器喀哒声归并到一起就行了。我
们只须把原来的两栏数据相加。对一个电子穿过随便哪个孔到达后障
的概率，我们得到的是 $P_{12}' = P_1' + P_1'$。这就是说，虽然我们成功地观
看到电子是穿过哪个孔而来的，我们得到的却不再是原来的干涉曲线
P_{12}，而是一条新的曲线 P_{12}'，它不呈现任何干涉现象！只要我们把光源
熄灭 P_{12} 就恢复。

我们必须得出结论，只要我们观看电子，它们在屏上的分布就同
我们不看时的分布不同。也许是打开光源带来了干扰吧？想必是由于电
子非常微小，而光在被电子散射开来的时候，给了电子一个反冲力，改
变了电子的运动。我们知道，光的电场作用在一个电荷上时会对电荷

施加一个作用力，因此也许我们应当预期运动会发生变化。无论如何，光对电子产生了巨大的影响。在试图"观看"电子时，我们就改变了它们的运动。这就是说，电子散射光子时所受到的反冲使电子的运动发生了足够大的变化，使得它本来也许是要到 P_{12} 为极大值的点上去的，现在却跑到 P_{12} 为极小值的点上去；这就是我们不再看到波状干涉效应的原因。

你可能会想："别用这么亮的光源！把亮度降低！那么光波会变弱，对电子的干扰也不会这么厉害了。无疑，如果使光源越来越暗，最后光波会弱到这种程度，使得它的效应可以忽略。"好，让我们试试看。我们观察到的第一件事是，电子经过时散射造成的闪光并不减弱。它总是同样强度的闪光。光源变暗时发生的惟一事情是，有时我们听到探测器的一次喀哒声但是却根本看不到闪光。电子跑过去了而我们并没有看见它。我们观察到的是，光的行为也像电子；我们以前知道光是一个波，但是现在我们发现它也是颗粒状的。它永远以颗粒的形式（我们称之为"光子"）来到或被散射。当我们减弱光源的强度时，光子的大小并不改变，改变的只是光源单位时间发射光子数的多少。这就解释了，为什么在光源变暗时，有些电子经过而不被我们看见。在那些电子经过时，正好它们的周围没有光子。

这多少使人感到沮丧。如果真的只要我们看见电子我们看见的就是同样大小的闪光，那么我们看见的电子永远是受到干扰的电子。无论如何，让我们用一个暗光源做一下实验。现在，每当我们听到探测器的一次喀哒声我们就分三栏来记录：在第一栏里记录在孔1旁看见的电子，在第二栏里记录在孔2旁看见的电子，在第三栏里记录那些看不见的电子。当我们整理出数据（计算概率）后我们发现以下的结果：那些

"在孔1旁看见"的电子的分布像 P_1'；那些"在孔2旁看见"的电子的分布像 P_2'（因此"在孔1或孔2旁看见"的电子的分布像 P_{12}'）；而那些"根本看不见"的电子的分布是波状的，正像图6-3中的 P_{12}！如果电子没有被看见，就有干涉现象发生！

这是可以理解的。当我们没有看见电子时，没有光子干扰它，而当我们看见它时，一个光子已经干扰了它。对电子的干扰的大小永远相同，因为光子都产生同样大小的效应；而且光子被散射引起的效应足以抹掉任何干涉现象。

难道就没有什么办法可以让我们既看到电子而又不干扰它吗？我们在前面有一章里学过，一个"光子"携带的动量反比于光的波长（ $p = h/\lambda$ ）。电子将光子散射到我们的眼睛中时所得到的反冲一定是依赖于光子所携带的动量的。有了！如果我们想要尽量少打扰电子，那么我们该做的不是降低光的强度，而是降低它的频率（这和增大它的波长相同）。让我们用颜色更红的光。我们甚至可以用红外光，或者无线电波（像雷达），并借助于一些能够"看见"这些波长更长的光的设备来"看"这些电子的去向。如果我们用较柔和的光，也许能够避免对电子干扰太厉害。

让我们用波长较长的波来做实验。我们将用波长越来越长的光，一次次重复我们的实验。起初，看不出有什么变化，结果是一样的。接着，可怕的事发生了。你还记得，在我们讨论显微镜时曾指出，由于光的波动本性，对两点靠近到什么程度仍然可以被分辨为两个分离的点存在着一个限制。这个极限距离与光的波长同一量级。于是，如果我们使光的波长比二孔之间的距离更长，当光被电子散射时我们就会看到一个巨大的模糊闪光。我们不再能分辨出电子是穿过哪一个孔了！我们只知道它在某个地方经过！正是对这种颜色的光，我们发现给予电子的反冲已经足够小，使得 P_{12}' 看起来开始像 P_{12} 了 —— 我们开始得到一些干涉效应。只有用波长比两孔的间隔大得多的光（这时根本不可能分辨出电子经过哪里），由光引起的干扰才足够小，使我们能再度得到图 6-3 中的 P_{12} 曲线。

在实验中我们发现，不可能这样安排光源，使人们既可以分辨出电子是穿过哪个孔，而同时又不对概率分布图样产生任何干扰。海森伯提出，只有存在着某种前所未知的对我们的实验能力的基本限制，当时新发现的那些自然定律才能够相容一致。他提出了不确定原理作为一条普遍原理，这条原理用我们的实验可以表述如下："不可能设计出一种仪器以确定电子穿过哪个孔，而同时又不使电子受到足以破坏其干涉图样的干扰。"如果一种仪器能够确定电子穿过哪个孔，它就不可能精致到使分布图样不受到实质的干扰。没有任何人找到过（或甚至想到过）一种绕过不确定原理的方法。因此我们必须假定它描述了自然界的一个基本特征。

我们今天用来描述原子、并且事实上描述一切物质的量子力学的全部理论取决于不确定原理的正确性。由于量子力学是这么成功的一个理论，这加强了我们对不确定原理的信任。但是，如果一旦发现了一种能够"打败"不确定原理的方法，量子力学就会给出矛盾的结果，因而不再是自然界的一个有效的理论，不得不抛弃它。

"那么"，你说，"命题A到底怎样呢？电子要么穿过孔1要么穿过孔2，这到底是对还是不对？"惟一可能的回答是，我们从实验发现，为了不陷入矛盾，我们必须按一种特殊的方式来思考。为了避免做出错误的预言，我必须说的是：如果你观看小孔，或更精确的说，如果你有一台能够确定电子是穿过哪个孔的仪器，那么你就可以说电子是要么穿过孔1要么穿过孔2。但是，当你并不试图分辨电子是走哪条路时，当实验中没有任何东西打扰电子时，那么你就不可以说一个电子要么是穿过孔1，要么是穿过孔2。如果你这么说了，并且开始由此做出种种推论，你就会在分析中犯错误。这是一条逻辑钢丝，如果我们想要成功地描写自然，就必须走这条钢丝。

*　　　*　　　*

如果一切物质 —— 也包括电子 —— 的运动都必须用波来描述，那么我们的第一个实验中的子弹又是怎么回事呢？为什么我们在那里看不到干涉图样？原来是因为，子弹的波长是如此之小，使得它的干涉图样变得非常精细。它是精细得用任何有限尺寸的探测器都不能区分它隔开的极大值和极小值。我们看到的只是一种平均，那就是经典情况下的曲线。在图6-5中我们试图示意地表示大尺度物体发生的情况。图6-5(a)是用量子力学所预言的子弹的概率分布。其中的快速起伏的

133

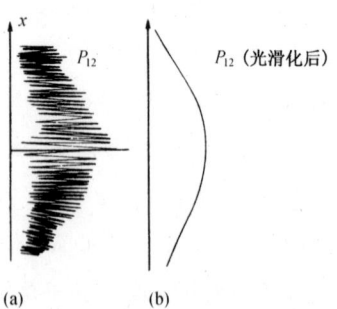

(a)   (b)

图6-5 子弹的干涉实验：(a)实际的图样，(b)观测到的图样

条纹代表对波长极短的波所得出的干涉图样。但是，任何物理的探测器都要跨越概率曲线的几次起伏，所以测量给出的是图6-5(b)中画的光滑曲线。

6-7　量子力学的基本原理

　　我们现在要总结一下我们的实验的主要结论。但是，我们将把结果表述成对更普遍的实验也适用的形式。如果我们先定义一个"理想实验"，我们的总结就可以写得更简单。所谓理想实验，就是其中没有任何不确定的外来影响（没有我们考虑不到的振动或别的事情发生）的实验。说得更精确些，一个理想实验就是这个实验的全部初始状态和终了状态都完全确定。我们下面所称的"一个事件"，一般地说，指的就是一组具体的初始状态和终了状态。（例如："一个电子离开电子枪，到达探测器，此外不发生任何其他事情。"）下面就是我们的总结。

总　结

　　(1)一个理想实验中的一个事件的概率由一个叫做概率振幅的复数 Ψ 的绝对值平方给出。

$$P = 概率,$$
$$\Psi = 概率振幅, \qquad (6.6)$$
$$P = |\Psi|^2。$$

　　(2)当一个事件可以以不同的方式发生时，这个事件的概率振幅是分别考虑的每种方式的概率振幅之和。这时有干涉现象。

$$\Psi = \Psi_1 + \Psi_2,$$
$$P = |\Psi_1 + \Psi_2|^2。 \qquad (6.7)$$

（3）如果做一个能够确定实际发生的是哪一种方式的实验，那么这个事件的概率是每种方式的概率之和。这时干涉现象消失。

$$P_{12} = P_1 + P_2。 \qquad (6.8)$$

你可能还要问："这是怎么造成的？这条规律背后有什么机制？"还没有人找到过这一规律背后的任何机制。没有人能够比我们刚才"解释"的"解释"得更多。没有人会给予你关于这种情况的任何更深刻的表述。我们根本想象不出一个更基本的、可以推出这些结果的机制。

我们想要强调经典力学和量子力学之间的一个非常重要的差别。我们一直在谈论一个电子在给定的情况下抵达的概率。我们曾暗示，在我们的实验安排下（或哪怕是在尽可能好的实验安排下）不可能精确预言会发生的事情。我们只能预言事情发生的机会！如果这是真的，这将意味着，物理学已经放弃了精确预言在确定的情况下会发生什么事情。是的，物理学已经放弃了这个！我们不知道如何预言在给定情况下会发生什么事情，并且现在我们相信这是不可能的，惟一可以预言的东西是不同事件的概率。必须承认，这是对我们早先的理解自然的理想的一种删约，也许是一步后退，但是还没有人看到绕开它的出路。

我们现在来评述一个建议，这个建议曾被提出以避免我们前面给出的描述。"也许电子具有某种我们迄今还不知道的内部机构 —— 某些内部变量。也许这就是我们无法预言将会发生什么事情的原因。如果我们能够更仔细地观察电子，我们就有可能预言它的归宿。"就我们所知这是不可能的，我们将仍然处于困难中。假定在电子内部有某种机制决定它最后去到哪里，这个机制必定也决定它在途中是穿过哪一个孔。但是我们必须记住，电子内部的东西是应该不依赖于我们做什么事的，特别是不依赖于我们是打开还是关上某个孔。因此，如果一个电子在出发前已决定好(a)穿过哪个孔，以及(b)最后去到哪里，我们对那些选择孔1的电子求得的概率就应当是 P_1，对那些选择孔2的电子求得的概率就应当是 P_2，而穿过两个孔抵达的电子概率就必定是二者之和 P_1+P_2，看来除此以外别无他法。而实验已经证实情况并非如此。还没有人想出一个办法来解决这个难题。因此在目前，我们只能限于计算概率。我们说"在目前"，但是我们强烈地感觉到，这很可能是某种将要永远伴随我们的东西，我们将不可能解决这个难题，自然界实际上就是这样。

136

6-8　不确定原理

海森伯原来是这样表述不确定原理的：如果你对任何物体进行测量，并且能够把它的动量的 x 分量确定到一个不确定量 Δp 的精度，那么你同时对它的 x 位置就不能知道得比不确定量 $\Delta x=h/\Delta p$ 更精确。任何时刻的位置不确定量和动量不确定量的乘积都必须大于普朗克常量。这是我们前面以更普遍的方式叙述的不确定原理的一个特殊情形。更普遍的说法是，不能用任何方法设计出一种仪器设备，它能确定在两种情况中选用哪一种，而同时并不破坏干涉图样。

我们用一个特例来表明，为了不陷入麻烦，海森伯给出的这种关系必须成立。我们想象图6-3的实验的一种修正，其中带小孔的墙是安装在滚筒上的一块板，它能在 x 方向上自由运动，如图6-6所示。仔细观察板的运动，我们可以判断电子是穿越哪个孔。想象探测器位于 $x=0$ 处时所发生的情况。我们会预期，一个穿过孔1的电子必须被墙板向下偏转才能到达探测器。由于电子动量的垂直分量变了，墙板一定会反冲，反冲动量的大小相同、方向相反。墙板得到一个向上的反冲。如果电子穿过下面的孔，墙板会感到一个向下的反冲。很清楚，对于探测器的每一个位置，电子穿过孔1时与电子穿过孔2时墙板所接受的动量值是不同的。因此，根本用不着打扰电子，只要观察墙板，我们就能判断电子走的是哪条路径。

137

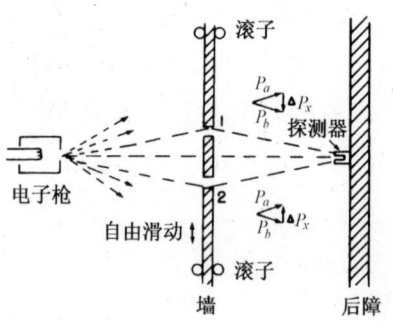

图6-6 测出墙的反冲的实验

而为了做到这一点，就必须知道在电子穿过孔之前墙板的动量。这样，当我们测量出电子穿越后墙板的动量，我们就能算出墙板的动量改变了多少。但是请记住，根据不确定原理，我们不能同时以任意高的精确度知道墙板的位置。可是如果我们不知道墙板的精确位置，我们就不能说出两个孔的精确位置。对于每个穿过小孔的电子，小孔将在不同的地方。这意味着对于每个电子，我们的干涉图样的中心将在不同的位置上。于是干涉图样中的条纹将会被抹掉。我们将在下一章定量地表明，如果我们足够精确地确定墙板的动量，由反冲动量的测量来确定电子穿过的是哪一个孔，那么根据不确定原理，墙板的 x 位置的不确定量将足以使在探测器处观察到的图样在 x 方向上下移动一个相当于从极大值到附近的极小值的距离。这样一个随机漂移刚好将干涉图样抹掉，因此观察不到干涉现象。

138　　　　不确定原理"保护"着量子力学。海森伯认识到，如果有可能以更高的精确度同时测量动量和位置的话，量子力学就会垮台。所以他提出这一定是不可能的。于是人们坐下来，试图找出能够这么做的办法，可是没有人能够找到一个办法，能以哪怕更高一点的精确度测量任何东西——一块墙板，一个电子，一个弹子球，任何东西——的位置和动量。量子力学以其充满风险但却精确的方式存在着。

理查德·费曼生平

145

　　理查德·费曼于1918年出生于布鲁克林[1]，1942年在普林斯顿获得博士学位。在第二次世界大战期间，尽管他年纪轻轻，但在洛斯阿拉莫斯的曼哈顿计划中起了重要的作用。战后，他在康奈尔大学和加州理工学院任教。由于他在量子电动力学方面的工作，于1965年与朝永振一郎和朱利安·施温格一起获得诺贝尔物理学奖。

　　费曼博士由于成功地解决了量子电动力学理论方面的问题而获得诺贝尔奖。他还创立了一个解释液氦中的超流现象的数学理论。此后，又与默里·盖尔曼一起在诸如 β 衰变等弱相互作用领域从事开创性的工作。在随后的岁月里，费曼提出了高能质子碰撞过程的部分子模型，在夸克理论的发展中起了关键的作用。

　　除了这些成就之外，费曼博士还在物理学中引入了基础性的新的计算方法和符号，特别是无处不在的费曼图，它也许比近代科学史上任何其他的形式体系更多地改变了人们对基本物理过程概念化和计算的方式。

　　费曼是一位卓有成效的教育家。在他所获得的众多的奖品中，他特别欣赏1972年获得的奥斯特教学勋章。1963年初版的费曼《物理学讲义》被《科学美国人》杂志的评论家誉为"难啃的但却营养丰富的美味佳肴。25年之后，它成为教师和大学新生中佼佼者的指南"。为了使

---

1. 美国纽约市西南部的一个区。——译者注

146 广大非专业人士更多地了解物理学，费曼博士还写了《物理定律的本性》与《QED：光和物质的奇妙理论》。他还写过许多高深的论著，这些都成了研究者和学生的经典参考文献和教科书。

理查德·费曼是一位积极的公众人物。他在挑战者号事故调查委员会中的工作是街知巷闻的，尤其是他证明O形环对寒冷的敏感性的出色演示，这个精彩的演示需要的只不过一杯冰水而已。比较鲜为人知的是费曼博士在20世纪60年代为加州的课程委员会劳心费神所做的事情，当时，他对教科书的平庸无奇提出了质疑。

列举理查德·费曼在科学和教育方面的无数成就并不能充分反映这个人物的本性。甚至他最专业的论著的读者也知道，费曼的活泼和多面的个性表现在他全部的工作中。他不仅是一位物理学家，在不同的时期，他还是收音机修理工、开锁匠、艺术家、舞蹈家、手鼓表演者，甚至还是玛雅象形文字的翻译家。他是一个模范的经验主义者，永远对身边的世界感到好奇。

理查德·费曼于1988年2月15日在洛杉矶去世。

名词索引[1]
按汉语拼音顺序排列

---

1. 页码为原书页码，即本书边码。——译者注

L

图书在版编目（CIP）数据

费曼讲物理. 入门 / (美) 理查德·费曼著；秦克诚译. —— 长沙：湖南科学技术出版社，2019.5
（走近费曼丛书）（2025.7 重印）
书名原文：Six Easy Pieces: Essentials of Physics Explained by Its Most Brilliant Teacher
ISBN 978-7-5710-0020-2

Ⅰ . ①费… Ⅱ . ①理… ②秦… Ⅲ . ①物理学 - 普及读物 Ⅳ . ① O4-49

湖南科学技术出版社通过博达著作权代理有限公司独家获得本书简体中文版中国大陆出版发行权

著作权合同登记号：18-2016-194

FEIMAN JIANG WULI : RUMEN
费曼讲物理：入门

著者
[美] 理查德·费曼

翻译
秦克诚

出版人
潘晓山

责任编辑
吴炜　陈刚　李蓓

书籍设计
汪赵冲　邵年

出版发行
湖南科学技术出版社

社址
长沙市芙蓉中路一段 416 号
泊富国际金融中心

网址
http://www.hnstp.com
湖南科学技术出版社

天猫旗舰店网址
http://hnkjcbs.tmall.com

邮购联系
本社直销科 0731-84375808

印刷
湖南省汇昌印务有限公司

厂址
长沙市望城区丁字湾街道兴城社区

邮编
410299

版次
2019 年 5 月第 1 版

印次
2025 年 7 月第 11 次印刷

开本
880mm × 1230mm　1/32

印张
6

字数
148 千字

书号
ISBN 978-7-5710-0020-2

定价
48.00 元